餐　　　　　　　桌

SIMPLE & QUICK, TASTY & HEALTHY

小　家　庭　的

維多利亞 著

從家常菜、風味食，
到撫慰人心的中西甜點，
幸福料理，美味上桌！

日　　　　　　　常

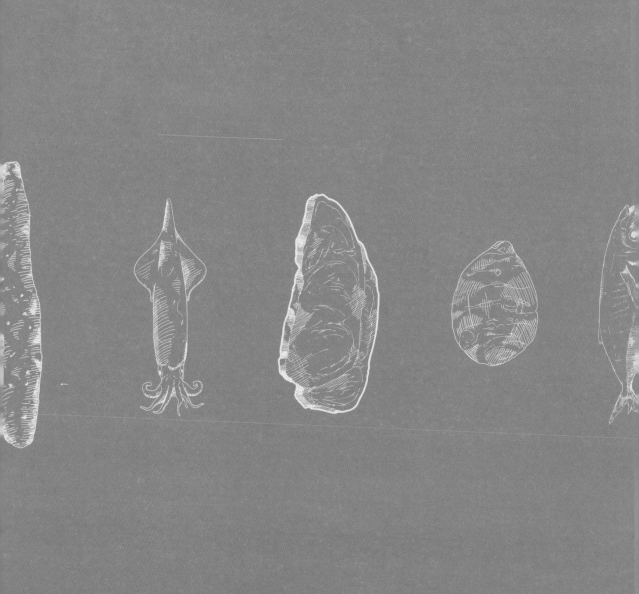

Contents
目錄

Chapter 6 海鮮類

"Most of us have fond memories of food from our childhood.
Whether it was our mom's homemade lasagna or a memorable chocolate birthday cake,
food has a way of transporting us back to the past."

– Homaro Cantu, Sep 23, 1976 – Apr. 14, 2015

「我們對小時候吃的美食都有著深刻記憶……美食有著帶我們回到過去的魔力。」

– 霍馬洛‧坎圖（美國廚師）

自序

化整為泥，藏美味於無形

許多初為人妻的 OL 可能都有類似的回憶，為了讓老公吃得健康，下班回家衝進廚房忙東忙西，好不容易變出兩三道菜，等到開飯時另一半已經餓到眼冒金星 @@，更別說餐後還得獨自面對油膩的鍋碗瓢盤和一堆剩餘食材，雖然想效法婆婆媽媽勤儉持家的美德，先收冰箱明天再用，可偏偏明晚老公要應酬，後天晚上自己要跟姊妹淘聚餐，週末又發懶不想動……，等到某年某月某一天再次打開冰箱，小學生的吐司發霉實驗彷彿又重現眼前……，算了，反正外食選擇這麼多，對老公健康的擔憂就暫且拋到腦後吧。直到小王子小公主呱呱墜地，沉睡已久的下廚魂才再次被喚起，可偏偏小惡魔們難搞得很，氣味重的不要，怪顏色的不愛，每次吃飯都免不了上演「好說歹說最後想翻桌」的戲碼。

其實，只要改變食材的形狀，很多問題都可迎刃而解囉。

譬如說，稍微有點資歷的煮婦都知道「絞肉」超好用，不僅退冰時間短，易於調味、塑型，還可先做成各種成品與半成品，放在冷凍庫裡保存，簡單加工一下就能上菜。更神奇的是，挑嘴小惡魔不吃的食材打碎後混進絞肉裡，既能攝取必須營養素，又可改善餐桌親子關係。除了絞肉，其實還有很多食材都能比照辦理，本書用 18 種常見的根莖類、瓜果類、豆類、肉類與海鮮，搭配現代廚房裡常備的小工具，變化出 66 道食譜，從上班日的晚餐，例假日的親子廚房，到親朋好友的家聚菜單，相信讀者都能在書中找到靈感。同時，烹調始於採購，對食材有基本認識，料理自然事半功倍，因而書中特別針對主食材做簡單介紹，幫助讀者聰明選購。另外，工欲善其事，必先利其器，本書也整理出 12 種實用的工具，讓大家輕輕鬆鬆把食材「化整為泥」，加快烹調速度。

學會用珍惜的心情對待食材，用巧思來延長保存時間，就能大大減少丟棄的食物量，也能更無負擔地選購當令時鮮，盡情在餐桌上享受四季更迭的精采。好好飲食、享受百味，生命值得用心款待，祝福大家——

快樂下廚，美味上桌，幸福滿屋！

維多利亞
2017. 小春

Tools and Measuring
工具篇與計量表

How to use?

**如何
使用本書**

本書收錄的食譜提供詳細的料理說明，每道料理的關鍵更輔以插畫呈現，因此只要烹調前仔細閱讀，按部就班備料、做好前置作業，注意步驟順序，相信即便是廚房新手首次試做，也能有令人滿意的成品。

當然，工欲善其事，必先利其器，現代廚房有許多好看又實用的小工具，只要善加利用，不但可以達到事半功倍的效果，也將為下廚過程增添許多樂趣。

本書主要是把食材搗碎或打成泥之後再進行料理，因此選用適當的食物處理器就能輕鬆完成「化整為泥」的步驟，提高烹飪效率。至於其他因應菜色所需而出現的小工具，也都能幫助料理節奏更加順暢，使人享受愉快的烹調時光。

標準量匙與量杯

依照食譜標示，精準取用
各項材料分量，可提升成
功率；本書採用的計量單
位請參考 p015。

料理用電子磅秤

依照食譜標示，精準
取用各項材料分量，
可提升成功率；選購
時以公克為單位，且
可扣重（歸零）的電
子磅秤為佳。

手持式電動食物攪拌棒（手拌棒）

將少量食材打碎或攪打成泥，但因馬
力較小，體積較大或較堅硬的食材建
議先切碎再攪打。

磨泥板

極少量的磨取硬質的食
材或新鮮的辛香料，如
薑、荸薺、胡蘿蔔等。

研磨缽

可搗碎、磨碎堅果類
或乾燥辛香料，亦可
快速磨出大量的山
藥泥或白蘿蔔泥。

壓泥器

快速將煮熟的根莖類與瓜果類食材壓成泥狀。

電動食物處理器或果汁機

馬力較大，可快速將大量食材打碎或攪打成泥。

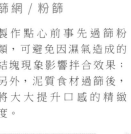

擠花袋與擠花嘴

製作西點時，常常用擠花袋搭配不同形狀的擠花嘴，將麵糊或泥狀材料擠出不同的造型，增加成品的視覺變化。使用時把擠花嘴套入擠花袋尖端（如為全新擠花袋，需先將尖端剪開），確定擠花嘴套緊後，再填入材料，扭轉袋尾使擠花袋鼓飽，同時防止材料漏出。擠花時，一手抓緊袋尾，另一手托住擠花袋，抓緊袋尾的手穩穩擠出適量材料即可。

篩網／粉篩

製作點心前事先過篩粉類，可避免因濕氣造成的結塊現象影響拌合效果；另外，泥質食材過篩後，將大大提升口感的精緻度。

電動攪拌器（手持或直立式）

設定不同轉速帶動攪拌棒，有效打散軟質食材或均勻混合數種材料，省時省力。

橡皮刮刀

具彈性的橡皮刮刀能有效混合材料，並將盆裡材料刮取乾淨，同時能將泥質食材塗抹均勻；選購時以耐熱材質為佳。

棉布

用以擠出食材水分或為泥糰狀的食材塑形。

計量單位

本書採用的計量單位

1 小匙 =5c.c.
1 大匙 =3 小匙 =15c.c
1 杯 =16 大匙 =240c.c.

註：一般量米杯為 180c.c.
日系食譜 1 杯為 200c.c

傳統市場裡常用的計量單位

1 斤 =16 兩 =600g
1 兩 =37.5g

Chapter 1

根
莖
類

根莖類 *1*

sweet potato

地瓜二三事

土模土樣的「憨吉」，原來是遠渡重洋而來的外來種啊！

地瓜，也常被喚作番薯、甘藷、憨吉（閩南語發音），是舊時農業社會中讓人又愛又恨的食物，總是吃不完的「憨吉簽飯」、「憨吉簽糜」，而那飯鍋裡總是「憨吉簽」比白米多。雖說長時間以來被當作主食，既叫做「番薯」，地瓜便是外來種，據說是在明朝才由荷蘭人引進台灣種植。春夏之際農人紛紛以扦插番薯藤的方式栽種，經過將近半年的生長期，大約在秋末到隔年春天陸續收成，有些品種甚可兩作。其中比較特殊的是金山地區的紅心番薯，產季是在夏季，基於上述種種因素，市面上幾乎整年都可買到地瓜。

聰明選購　細心存放

選購地瓜時以外型完整，避免蟲咬過或抽芽的，芽點剔除後尚能食用，但地瓜本身的養分已經開始提供新芽，美味度略減。

地瓜很容易保存，基本上置放在通風的陰涼處就可以，如果不小心放太久抽了小芽，切掉小芽盡快食畢，或者乾脆移放到淺水陶盆，令其自然生長，為家中增添樸拙風雅的氣氛。

輕鬆料理　風味升級

地瓜有豐富的膳食纖維，經常食用可收排毒養生之效。料理地瓜的最好方式應該是「焢窯」，可惜一般家裡不太可能夯土造窯，所幸地瓜的美味是能夠透過蒸煮、煎炸、糖蜜、烘烤等等方式來品嚐。有時做古早味的炸地瓜圓，有時做成午茶小西點，宜中宜西，變化無窮。

根據行政院農委會的官網資料，常見的地瓜品種就有十數種，這裡介紹市面常見的幾種：

台農 73 號

又稱「芋仔番薯」、「紫心甘藷」、「紫玉甘藷」，有白皮紫肉、紅皮紫肉與紫皮紫肉等品種。含大量花青素，不但抗氧化，料理上也可作為天然色素，氣味與其他地瓜略異，質地也較緊實。

台農 57 號

又稱「黃金蜜番薯」，黃皮黃肉，台灣目前產量最大的地瓜品種，香氣濃郁，質地鬆軟。

台農 64 號

又稱「竹山紅肉番薯」，粉紅皮粉紅肉，口感介於 57 號與 66 號之間，但甜度最高。

台農 66 號

又稱「紅心尾仔番薯」，紅皮橘紅肉，是目前北部中部種植最多的品種，水分略多而甘甜。

除了以上幾種，有些小農也嘗試栽種日本種的地瓜，如俗稱「栗子地瓜」的「鳴門金時芋」，如果在市場上看到，不妨買一點嚐嚐鮮。

楓糖甜薯餅

曾有一陣子，許多夜市都出現了油煎地瓜餅的攤子，比掌心還小的泥餅在鐵板上煎得滋滋作響，客人們排隊等候的興奮也跟著不斷升高。直到終於拿到自己的那一份，顧不得燙，邊吹涼邊送入口⋯⋯哎呀，又香又甜太好吃啦！

也曾在家試做，才發現這油煎地瓜餅，少少吃一塊還不錯，再吃第二塊卻嫌膩，大約是地瓜餅在煎的過程吸了不少油吧。於是突發奇想，改用烤的，結果成品仍然香

甜唰嘴，而且不再有油膩感。後來玩上癮，買了甜點師傅常用的擠花袋來裝地瓜泥，搭配不同的擠花嘴，擠出各種花形的迷你地瓜泥餅，滿足口腹之欲以外，順便練練擠花的功夫。

土模土樣的地瓜，蒸熟壓泥後再多一道擠花程序，就搖身變成可愛的甜薯餅乾，當成午茶點心好看又好吃，而且不像普通餅乾一定要放大量的麵粉和奶油，無形中少了許多熱量，是非常健康的小零嘴呢。

材料
地瓜 300g（去皮淨重）
楓糖粉 30g
無鹽奶油 30g
蛋黃 1 個

步驟
❶ 地瓜削皮後蒸熟壓成泥，過篩到鍋中。

❷ 趁熱加入楓糖粉拌勻，再放奶油與蛋黃拌勻，如覺偏乾，可加入少許鮮奶油或鮮奶調整濕度。

美味
一點訣

❶ 地瓜泥過篩後口感更加細緻，同時擠出的花型線條更明顯。

❷ 可改用黑糖粉代替楓糖粉，風味亦佳；如果想吃原味的，改用一般白砂糖或黃砂糖。

❸ 若無烘焙用的擠花袋，剪開乾淨塑膠袋的一角來代替。

❹ 使用不同顏色的地瓜，或在地瓜泥裡加點抹茶粉或可可粉，讓顏色和口味都多些變化。

❸ 把地瓜泥放入擠花袋，抓緊袋尾，擠出地瓜泥於烤盤中。

❹ 送入以 180℃ 預熱好的烤箱，烘烤 20 分鐘左右，地瓜泥表面略呈焦黃即可。

憨吉捲心酥

在家包餛飩或包餃子，最容易遇到的問題就是皮子與餡子份量對不上，不是剩了餡，就是多了皮。剩肉餡時，幾成小圓球，炸的酥酥也是一道菜，多了皮就得想法子再找「餡」來包。還好素日裡煮白飯總習慣切些地瓜塊一起蒸上，所以地瓜是廚房裡常備食材。挑條小的削了皮蒸軟，搗泥後調點糖進去，就是現成的甜餡，抹在餛飩皮裡捲好，稍稍炸熱炸酥，總是來不及端上桌，便被家人吃掉一大半啦。

對了，不妨讓家裡的孩子幫忙製作這道小點心吧，有了參與感，他們會更自動自發地把食物吃光光。內餡除了主角地瓜泥，還可放點綜合堅果，豐富口感之餘，無形中也攝取到維他命 B 群的營養素。

材料　地瓜 200g（各種地瓜皆可，去皮淨重）
糖粉或細砂糖 1 大匙約 15g
無鹽奶油 30g
蛋黃 1 個
餛飩皮 20 張左右
（大張，約 9cm x 9cm）

調味料　糖粉 / 肉桂糖粉 / 可可粉 / 抹茶粉（依喜好選擇）適量

美味一點訣

❶ 炸物回鍋就減損美味，盡可能吃多少炸多少。但是地瓜泥可以多做一些分量，分裝後冷凍，退冰後用來製作各式點心很方便。

❷ 餛飩皮可在傳統市場裡賣麵條的攤子上購買，有大小兩種尺寸，建議買大張的；或者改用泰越兩國料理中常用的乾燥米紙（容易存放），裁成適當大小後，刷上清水只要幾秒鐘，回軟後就能使用。

步驟

❶ 地瓜削皮後蒸熟，趁熱加入糖粉拌勻，再放奶油與蛋黃拌勻，如覺偏乾，加入鮮奶油或鮮奶調整地瓜泥濕度。

❷ 在餛飩皮上抹上一層地瓜泥，捲成小雪茄的樣子，最後抹點麵粉糊封口。

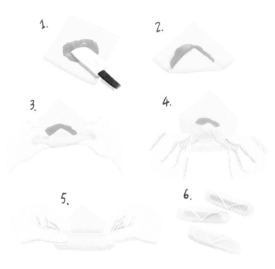

1.

2.

3.

4.

5.

6.

❸ 油鍋中小火燒熱，放入地瓜捲，炸到外表金黃即可。

❹ 盛盤後，依照喜好撒上調味粉。

地瓜圓甜湯

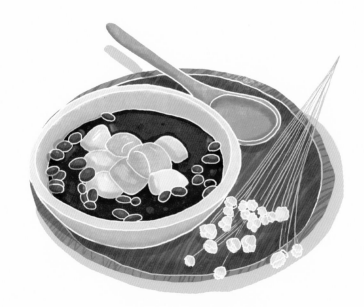

每次到九份散心，回程前總要去找「阿柑姨」報到，捧碗綜合圓仔走到店裡最深處，想辦法擠進窗邊的位置，一邊眺望山海共存的美景，一邊享用冰涼沁心，或溫熱暖身的圓仔甜湯。離去前還不忘帶盒生的綜合圓仔（芋圓、地瓜圓和綠豆圓），小旅行才算功德圓滿，歡樂賦歸無悔憾。

「阿柑姨」的三種口味圓仔吃起來都帶有食材本身的香氣，不像有些小店為了利潤，製作圓仔時摻入較多的粉，食材香氣自然差了點。至於自家做地瓜圓，如想更「真材實料」些，當然可多放點地瓜泥，不過仍需要相當比例的粉來幫助塑型與增加一些咬勁，同時揉製粉團時會更容易操作（不黏手）。

冷凍保存

做好的地瓜圓通常一次吃不完，剩的生地瓜圓由於還有水分，若直接丟盒子裡或塑膠袋裡冷凍，很容易黏成一大坨。最好先灑上一些太白粉使圓仔乾爽，攤開放，送冷凍一小時，再收進袋子裡，束緊冷凍保存。

材
料

地瓜 300g
糖粉或細砂糖 2 小匙（10g）
熱水 1~2 大匙（15~30c.c.）
地瓜粉 60g（純地瓜粉，顆粒粗細皆可）
太白粉 60g

美味
一點訣

❶ 步驟 ❸，調製地瓜粉團時，
請試吃以確認甜度，加水揉製
時也要注意粉團的黏度，畢竟
每根地瓜的甜度與水分都不一
定，參考食譜之餘，仍需依照
實際地瓜泥的狀態來微調。

❷ 善用不同地瓜的顏色，
可做出三色地瓜圓（黃
橘紫）或雙色地瓜圓
（黃紫、橘紫），甚至
把三種粉團攏成
一長條，讓一顆
地瓜圓仔同時有
三個顏色。

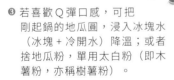

❸ 若喜歡 Q 彈口感，可把
剛起鍋的地瓜圓，浸入冰塊水
（冰塊＋冷開水）降溫；或者
捨地瓜粉，單用太白粉（即木
薯粉，亦稱樹薯粉）。

❹ 煮熟的地瓜圓冷藏後就變硬是
正常現象，因此盡量堅守「吃
多少、煮多少」的原則。

製作地瓜圓

步
驟

❶ 地瓜削皮後切片蒸熟，蒸好時碗裡會
有些水分（不用倒掉）。

❷ 趁熱將地瓜壓成泥並分次拌入糖粉。

❸ 分次拌入地瓜粉，再分次拌入太白
粉，邊拌邊揉，如覺太乾，加點熱水。
可將材料放在桌面上揉製，較好施力；
若把材料放在深鍋裡翻拌，建議使用
橡皮刮刀輔助，更有效率。

❹ 將揉好的粉糰分成 4~5 等
分，個別搓成長條，再以
1.5 公分為寬，切小塊。

煮地瓜圓

步
驟

❶ 水燒滾後，一邊攪動一邊放地瓜
圓，避免地瓜圓沉黏鍋底。

❷ 地瓜圓浮起時即可撈出，額外
拌點糖防沾黏（其實這樣就能
直接當小零嘴吃）。

❸ 放入事先準備好的甜湯，依照季節或
喜好，搭配綠豆湯、紅豆湯、椰奶西
米露、燒仙草或薑汁地瓜湯。

QQ 地瓜球

既然上一篇蒸了地瓜、揉了地瓜粉團做成地瓜圓煮甜湯，一定要加碼來做這款受歡迎的夜市小零嘴。地瓜圓通常放在甜湯裡一起吃，所以揉製粉團的時候不用放太多糖，但如果要做成 QQ 地瓜球，則建議粉團裡額外再拌點糖粉，這樣炸出來的成品才會又香又甜好「喻嘴」。

許多廚房新手對於需要油炸的食物很沒把握，不過炸地瓜球很簡單，只要多點耐心就能炸出圓滾滾的可愛外型，需要注意的小細節如下：

★ 保持低油溫來炸（即筷子插進油鍋時會冒小泡泡），在起鍋前才略略調大火力，使外皮更加香酥。

★ 若不想用大量的油，就要有耐心分批來炸地瓜圓，才不會因為一次下太多地瓜圓，使油溫降低太多，發生地瓜圓黏鍋或吸收太多油的狀況。

★ 熱油與擠壓雙管齊下，地瓜圓裡的空氣因而膨大，才能成為中空球體。然太早擠壓會把地瓜圓壓成餅狀，因此務必等到地瓜球浮起，再使用小漏勺擠壓。

★ 起鍋後的地瓜球如果很快癟掉或中心點還有地瓜泥，表示炸得不夠透。

材料　生地瓜圓適量（做法請參考「地瓜圓甜湯」，p025）
炸油適量

步驟

❶ 將生地瓜圓大致搓圓（不用到正圓）。

❷ 鍋裡放油，小火加熱，大約在 120℃ 上下時，放入地瓜圓。

❸ 地瓜圓浮起時，以小漏勺擠壓，大約五六次。

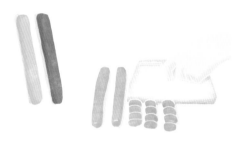

美味一點訣

❶ 生的地瓜圓可冷凍保存，記得先撒上太白粉，攤開後冷凍 1 小時再收進袋子，繼續冷凍，才不會黏成一大塊。冷凍的地瓜圓可直接放入熱油中，無需經過退冰的程序。

❷ 若能買到黃肉、紅肉與紫肉的地瓜，就能一次炸出三種顏色的美麗地瓜球。

❹ 炸成金黃色的空心球體時即可撈出。

根莖類 2
Taro

芋頭二三事

獨特香氣與鬆軟口感令人難以抗拒⋯⋯

芋頭，也叫芋芛或芋仔（閩南語發音）。常見種類大致有檳榔心芋、麵芋與里芋，其中以白色芋肉摻有紫紅色細絲的檳榔心芋最受歡迎。台灣三大芋頭產地在：屏東高樹、台中大甲與苗栗公館，光是這三個鄉鎮，就占了全台芋頭產量的七成。其中高樹鄉的芋頭於每年秋天栽種，生長期歷經冬天，成長速度較慢，因而換得香糯口感，且烹煮時不易化散。在五、六月盛產的季節，總是十分搶市。然因隔壁的甲仙鄉除了芋田，還擁有芋冰城與果菜批發市場，高樹鄉產的芋頭多送往甲仙市場運銷，故一般人提到芋頭，只知兩甲（甲仙與大甲），未聞高樹。至於其他產地的芋頭，通常在農曆年後種植，入秋後陸續採收直至年底，同樣受到消費者的喜愛。

聰明選購　細心存放

選購芋頭時以外形完整勻稱，無腐壞者為佳，同時，在土質堅硬的旱田或山坡地所種植的芋頭體型較圓，粉質會比水田種的芋頭高些。另外，一般挑菜原則，同體積的通常會選重的那個，不過挑選芋頭時卻得挑輕的，而且切口處呈現粉粉的質感，才表示水分少，質地鬆軟。

芋頭剛買來可放在陰涼處數日，使其水分減少一些，烹煮後更好吃。產季時不妨趁鮮、趁便宜多買一些，削皮後切塊，密封收冷凍，至少可保存半年。

輕鬆料理　風味升級

芋頭含有豐富的澱粉與膳食纖維，鉀含量也很多，可幫助排除體內多餘的鈉。不過處理芋頭前最好戴上手套再來削皮，削完皮再清洗，如果一開始就先洗芋頭，之後又不戴手套直接接觸，皮膚非常容易受到芋頭皮內層的草酸鹼粘液刺激而發癢。無論有哪些小妙方可止癢，效果都不如一開始就直接戴手套來得好。烹煮芋頭與煮豆類一樣，必須等到芋頭煮到預期的鬆軟度，再進行調味，否則即使煮到天荒地老，恐怕芋頭也絲毫不為所動。

芋頭的料理方式多元，無論主食、主菜或點心，皆可輕鬆勝任。只要挑對芋頭，光是把芋頭蒸搗成泥，就能變化出許多可口的菜色，尤其用來做甜湯甜點，芋頭的獨特香氣與鬆軟口感實在令人難以抗拒。

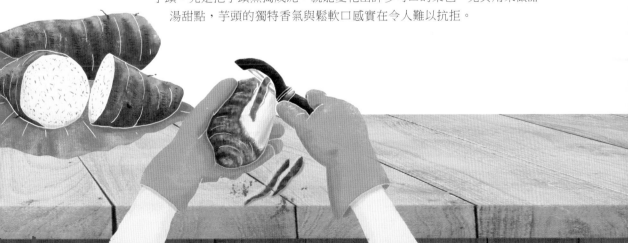

Taro

桂香芋泥

說到用芋泥做點心，最先想到喜氣洋洋的「八寶芋泥」，但要自己來做，恐怕光是找齊蓮子、紅棗、青紅絲與各色果乾，這些把芋泥表面鋪滿的配料就夠暈頭轉向了。還不如化繁為簡，在芋頭盛產的時節，多蒸搗些芋泥，放冰庫裡當備糧，時不時想嘗點芋頭香，就能拿一小包出來解解饞。只要熬點桂花糖漿澆上，讓鎖住桂花香氣的琥珀色醬汁幫襯著同樣內斂的芋頭味，入口直覺清淡雅緻，再搭杯烏龍茶，心曠神怡不過。

桂花糖漿可在超市或專售湯圓的店家購得，或者**採摘新鮮桂花自製**——
以桂花 1、砂糖 5、清水 5 為比例，先煮開砂糖與清水，待水分逐漸蒸發，糖漿濃度變高，熄火，拌入桂花就完成基礎的桂花糖漿，可以直接使用。或者用麥芽糖或蜂蜜來製作，就更像桂花釀了。

材料　芋頭一顆約 900g（去皮後淨重約 820g）
　　　油脂 30g 左右（豬油、無鹽奶油或植物油皆可）

調味料　白砂糖 120g 左右
　　　　鹽巴 1 小撮
　　　　桂花糖漿適量

步驟

❶ 戴手套削去芋頭皮（避免芋頭外皮
直接接觸皮膚將引起過敏反應），
將芋頭切成塊（切小較容易蒸透），
放入電鍋中蒸上（外鍋 1.5 杯水）。

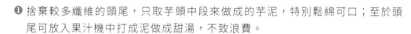

❷ 蒸好後趁熱將芋頭塊壓成泥，並拌入
鹽巴與白砂糖。

❸ 分次倒入油脂拌勻即完成基本的芋
泥，如偏乾，額外以鮮奶油或鮮奶調
整濕潤度。

❹ 取適量芋泥搓
圓，淋上桂花糖
漿就完成。

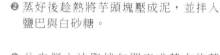
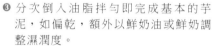
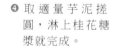

美味
一點訣

❶ 捨棄較多纖維的頭尾，只取芋頭中段來做成的芋泥，特別鬆綿可口；至於頭
尾可放入果汁機中打成泥做成甜湯，不致浪費。

❷ 桂花糖漿之外，也可改用楓糖或蜂蜜，但份量上要斟酌，過多恐會搶去芋香。

❸ 熬煮些豆沙餡（做法請參考 p131），包在芋泥裡當作內餡，變化風味。

椰香芋頭 西米露

花蓮壽豐鄉火車站外有家冰店，名喚「豐春」，製冰用心給料大方，沁涼的甘蔗冰上鋪滿厚厚鬆綿芋泥與紅豆，總令嚐過的人心心念念！吃了幾回，終於鼓起勇氣詢問：「你們家的芋泥為何這樣鬆軟？」老闆笑了笑回答：「因為芋頭的頭尾偏硬，口感略差，所以我們向來只取用中段。」學到了學到了！又鬆又綿的蜜芋頭原來只取芋頭中段來熬煮，真是感謝老闆提點。

不過，只取中段來蜜，那切下的頭尾怎麼辦呢？不怕，且放入強力果汁機打成泥，做成「咕溜」順口的西米露就完美解決。若覺芋泥湯底的淡粉色不夠顯眼，加點紫心地瓜或紫色山藥，顏色就會很飽滿。另外，口味上也能變化，例如希望帶點南洋風味，加入淡椰漿就成，對了，那可口的蜜芋頭可別忘了多放一些啊。

材料
芋頭 600g（中段約取 400g）
紫心地瓜 100g
米酒 30c.c.
淡椰漿（coconut milk）400g
冷開水 500c.c.
西谷米 100g 左右
冰塊適量

調味料
砂糖 120g 左右（步驟 ❷）
砂糖 80g 左右（步驟 ❹）

美味一點訣

❶ 西谷米吸水力強，加冰塊降溫後應馬上瀝出，避免久泡使之發脹變白，失去 Q 度。

❷ 由於芋泥椰漿較濃稠，可酌量添加冰塊稀釋以增加爽口度。

❸ 如有椰糖，不妨用來代替砂糖，使西米露多幾分南洋風味。

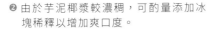

❹ 吃剩的西米露放點果凍粉，分裝到小杯中（六分滿），冷藏後即為西米凍，再填入芋泥與芋泥奶酪就是網路團購相當夯的基隆名產——「雪露」。

步驟

❶ 削去紫心地瓜的外皮，洗淨後切小塊；芋頭削皮後洗淨，切去頭尾，取中段大切幾塊（加清水 300c.c.），頭尾則切小丁，連同紫心地瓜，不用加水一起放入電鍋蒸熟（外鍋 1.5 杯水）。

❷ 放砂糖 120g 到蒸芋頭中段的鍋子裡拌勻，小火煮到糖漿濃稠，加入米酒把芋頭燒到鬆軟，放涼後冷藏，即為蜜芋頭。

❸ 將剩下的芋頭（頭尾）與紫心地瓜放入果汁機中，加入淡椰漿與冷開水，攪打成芋泥椰漿。

❹ 加入砂糖 80g 到芋泥椰漿中，加熱煮到砂糖融解即可，放涼後再冷藏。

❺ （食用前）燒半鍋水，水開下西谷米，中小火煮約 10 分鐘，熄火，讓餘熱將西谷米的硬心（中央白點）燜熟至呈透明狀，瀝水，再投入冰塊降溫，使西谷米變 Q。

❻ 瀝出西谷米，倒入步驟 ❹ 冷藏好的芋泥椰漿與步驟 ❷ 的蜜芋頭，攪拌均勻。

迷你芋粿巧

月牙狀的「偶貴ㄎㄧㄠ」是一款充滿古早味的小點心,「偶貴」是「芋粿」(芋頭糕)的閩南語發音,而「ㄎㄧㄠ」是用來形容芋粿巧兩個尖端彎彎的模樣。市售的芋粿巧通常以 200g 左右為一單位,不過糯米類的點心容易佔胃,所以把分量減半做成迷你版的,吃起來比較沒負擔。同時

又可縮短蒸透或炸酥的時間,一兼二顧。

若利用市售的現成粉料調製米漿,可大幅縮減製作芋粿巧的時間;如果是從磨米漿開始做起,則製程長些,雖較費時,但也更有成就感。

製作粉團

材料
在來米 150g
圓糯米 500g
水 4 杯

步驟

❶ 兩種米洗淨後浸泡半天或一個晚上。

❷ 泡好的米瀝乾，放入果汁機，加入清水，打成米漿。

❸ 把米漿倒入濾豆漿的棉布袋，袋口綁緊，上頭放重物擠出水份，約 2 小時左右即得粉團。

美味
一點訣

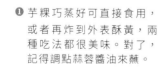

❶ 芋粿巧蒸好可直接食用，或者再炸到外表酥黃，兩種吃法都很美味。對了，記得調點蒜蓉醬油來蘸。

製作芋粿巧

材料
芋頭約 400g（去皮後淨重）
蝦米 1 大匙約 10g · 粉團一份
油蔥酥 1.5 大匙約 30g · 粽葉 3 片

調味料
白胡椒粉 1 小匙 · 鹽 1 小匙 · 糖 1 小匙

步驟

❶ 芋頭取 2/3 刨絲備用、1/3 切丁蒸軟後壓成泥。

❷ 粽葉洗淨剪成巴掌大，泡在水中保持濕度；蝦米洗淨後切末。

❸ 炒鍋裡放少許油，以小火炒香蝦米碎與油蔥酥，香味飄出後下調味料，熄火放涼。

❹ 捏碎有點乾硬的粉團，加入炒料、芋泥與芋頭絲，出力徹底揉勻。

❺ 以 100-150g 為單位，將揉好的芋粿巧等分成小份。整型時以傳統彎彎的月牙形狀為主，捏好的芋粿巧放在粽葉上（防沾黏）。

❻ 蒸熟的方法有二，使用瓦斯爐燒滾一大鍋水，蒸 20 分鐘或放電鍋裡蒸（外鍋 2 杯水），約需 50 分鐘左右。

炸芋棗

除了諧音「早」生貴子，同時也因芋頭的生長期間，母芋旁環繞許多子芋，頗有子孫繁衍、添丁添福之吉意，故喜筵上經常會出現這道討喜的炸芋棗。外觀塑成棗形的芋泥，入油鍋炸得金黃誘人，外酥內軟的口感，加上濃濃芋頭香，實在好吃得不得了。炸芋棗不難，尤其芋泥已經蒸熟，只要把外表炸酥就可以，但對於少下廚的新手來說，油炸技巧實在是個挑戰，有些手忙腳亂免不了，不過只要掌握基本原則，經過幾次練習，慢慢也就熟能生巧。

簡言之，炸物要成功的祕訣就是耐心與專心——

1. 食材外表盡量保持乾爽，必要時裹上麵衣或拍上薄粉，就可避免水分與熱油相遇時造成的油爆。
2. 油溫到了才放入食材，不急著翻動，耐心等底面定型再翻。
3. 豎起耳朵聽聲音，油炸聲音逐漸變小表示食材裡水分逐漸散去，愈接近炸透的狀態。
4. 眼睛要盯著看，鍋邊開始冒煙表示油溫太高，得先將鍋子離火降溫。
5. 適時撈去掉落在油裡的渣滓，避免讓油色變深、油味變苦。
6. 不捨得放太多油沒關係，把握食材分批入鍋的原則，並盡量維持油溫就好。

材料　芋頭 250g（去皮後淨重）
太白粉 3 大匙約 40g
鮮奶油 4 大匙
無鹽奶油 15g（切小丁）

調味料　白砂糖 2-3 大匙
鹽巴 1/8 小匙

美味
一點訣

❶ 調味好的芋泥沒有馬上做的話可
放乾淨袋子裡冷藏或冷凍，記得
袋子裡先抹點油才不會沾黏，再
來就是務必確定退冰後再塑形、
油炸，避免外焦內冷。

❷ 如果剛好有紅豆年糕、鹹蛋黃
或肉脯，可塞一點在芋
泥中間加料，變
化口味。

步驟

❶ 芋頭削皮後洗淨切小塊，蒸熟。

❷ 蒸好後趁熱壓成泥，拌入調味料
與奶油丁，最後再放入太白粉與
鮮奶油揉成糰。

❸ 將芋泥等分成小塊，搓整成棗狀
備用。

❹ 起油鍋，以低油溫小火慢炸到芋
棗表面呈金黃色即可起鍋，大約
需要 5 分鐘左右，時間會依油量、
芋棗大小與下鍋的數量而異。

酥炸芋泥吐司捲

炸得金黃酥脆的芋泥吐司捲，兩端封口的白芝麻經過熱油擁抱，逼出濃濃香氣！總是才上桌就像秋風掃落葉似的，沒幾分鐘便盤底朝天。不過，嘿，小心燙啊，細緻綿密的芋泥內餡可是面冷心熱，不可小覷它的熱情。

由於芋泥已經蒸熟，只要把油燒熱到120℃左右，投入芋泥吐司捲，保持小火，不時翻動讓吐司捲的表面炸到上色就可起鍋。如果油溫太低，吐司捲會吸收太多油分，吃來膩口，但也要注意溫度不能太高，以免吐司捲一下鍋就炸黑了。另外，因為熱油的餘溫會使炸好的吐司捲顏色繼續變深，所以記得提前五秒鐘讓吐司捲起鍋。

材料
芋頭 200g（去皮後淨重）
細砂糖 2 大匙
無鹽奶油 2 小匙
鮮奶油 20c.c. 左右
吐司 7 片左右
蛋 1 顆
白芝麻 20g

步驟

❶ 芋頭削皮後洗淨切小塊，放入電鍋蒸熟，壓成泥備用。

❷ 依序加入糖與奶油，與芋泥仔細拌勻，加點鮮奶油調整濕潤度。

❸ 切去吐司硬邊，用擀麵棍來回把吐司擀實，先舖上芋泥餡約30g，密密捲成圓筒，最後在封口處抹上打散的蛋汁使黏合。

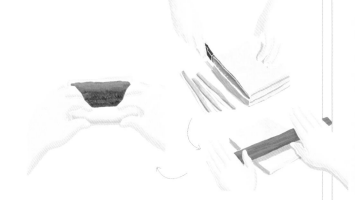

美味
一點訣

❶ 若希望芋泥餡呈現較深的紫色，改用芋泥 150g 加上紫心地瓜泥 50g 製作。

❷ 以當天出爐的土司來製作最好，因內含水分尚多，吐司捲起來不容易碎裂。

❸ 可添加椰粉（甜）或肉鬆（鹹）來變化口味。

❹ 切下來的吐司邊抹點蒜味奶油 (奶油放軟，與少許蒜泥、鹽巴拌勻)，烤酥以後就變成小零嘴。

❹ 吐司捲兩端開口各吸些蛋汁，按壓在白芝麻上，讓芝麻粒封住開口。

❺ 油鍋以中小火加熱，將芋泥吐司捲炸到表面呈現淡黃色， 撈出瀝油，切成適口大小。

芋奶丹麥酥

只要花一次時間把芋泥做好,分裝冷凍保存,隨時都可以來個下午茶,或者讓剛放學的孩子們在晚餐前先吃個小點心墊墊肚子。

這道簡單的小茶點使用了芋泥與奶酥兩種餡料,芋香與奶香相互加乘,濃郁美味。很受歡迎的奶酥醬只要 10 分鐘就能完成,

做好以後收冰箱保存。使用時依照喜好加入椰子粉、葡萄乾或肉鬆變化口味,不只早餐抹吐司好用,搭配酥皮烤成午茶點心也很方便。

由於兩種內餡中的芋泥做法在前一篇已經介紹過,本篇只介紹奶酥醬的做法。

製作奶酥醬

材料
無鹽奶油 100g（預先置於室溫下，使軟化）
糖粉 60g
奶粉 100g
蛋黃 1 個

＊室溫低於 20℃時，奶油不易放軟，可利用電鍋「保溫」或烤箱「發酵」功能，放入奶油半小時左右即可變軟。

步驟
❶ 將放軟的奶油放置鍋中，分次加入糖粉打發（奶油會變白些）。

❷ 分次加入奶粉打勻，打不太動時，改用刮刀來拌（奶酥應感覺偏乾）。

❸ 加入蛋黃拌勻，密封冷藏。

美味一點訣

❶ 奶酥醬裡放了奶油，收進冰箱以後會變硬，需要事先拿出來退冰，才容易挖取、塗抹。

❷ 烘烤前在酥皮表面劃出開口，可使內部空氣在加熱過程中順利排出，以保持成品外型完整。

❸ 酥皮表面刷上蛋黃水後才進行烘烤，可讓成品看來金黃可口，但須注意蛋黃水只要刷薄薄一層即可，如果刷了過濃過厚的蛋黃水，入口會有隱約的蛋腥味。

製作芋奶丹麥酥（6~8 個）

材料
芋泥餡 60g（做法請參考 p039）
奶酥醬 60g
冷凍酥皮 4 張（約 12 cm x 12 cm）
蛋黃水（蛋黃加少許清水攪散）適量

步驟
❶ 烤箱以 180℃預熱 10 分鐘。

❷ 把每片冷凍酥皮對切成兩個長方形，或使用壓模壓出特殊形狀。

❸ 抹上奶酥醬與芋泥餡，在酥皮四周刷上蛋黃水，對折酥皮後捏合四邊，在酥皮表面劃幾刀。

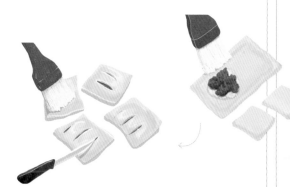

❹ 放上烤盤，表面刷上薄薄的蛋黃水，送入烤箱，以 180℃烤 15 分鐘左右，酥皮膨高且表面呈金黃色。

根莖類 ❸
yam

山藥二三事

除了燉湯，山藥磨成泥之後，夏天用來拌飯、冬天能煎餅！

山藥，乾燥後即為中藥材「淮山」，故兩名皆普遍使用。主要產季在秋冬春三季，台灣山藥有十餘種，而市面上常見品種有「褐皮白肉」的基隆山藥、恆春山藥與陽明山山藥、「黃皮白肉」的懷山藥（也稱「家山藥」）、「紫皮紫肉」的紅薯山藥（又稱「紫山藥」）、「白皮白肉」的日本山藥以及「紫皮白肉」的牛奶山藥（俗稱「白雪玉」），以及「紅皮白肉」具有淡淡人蔘味的「人蔘山藥」。山藥是地下塊莖，野生狀態下呈現不規則的塊狀，但聰明的農人為避免挖採時不慎造成的損傷，現在幾乎都讓山藥在塑膠管中生長，於是市面上看到的山藥多為長棒狀。

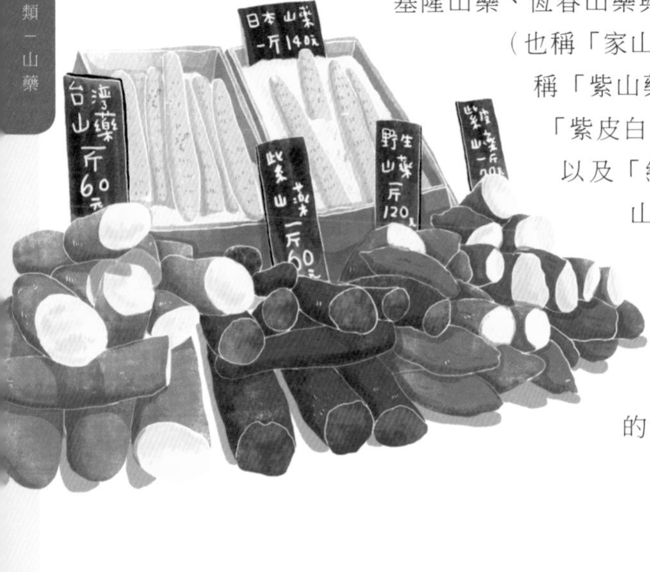

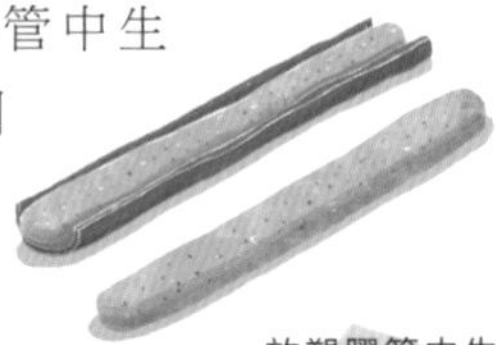

放塑膠管中生長

台灣山藥　　　　紫山藥　　　　牛奶山藥　　　　野生山藥

聰明選購　細心存放

選購山藥時以根鬚少、體積相當但掂起來較沉的為佳，表示水分含量多，新鮮度好。另外，購買的分量只要按照料理所需，請老闆切下適當的長度即可，無須整根購買。完整未切開的山藥只要用紙包好，置放在陰涼通風處，無需冷藏，可存放一個月以上；至於已經切開的山藥，只要溫溼度皆低，把切面的水分吸乾，也能在室溫下存放幾天，但若是溫溼度偏高的季節，建議仍以保鮮膜覆好，冷藏為佳。或者削皮後切塊或磨成泥，放在塑膠袋裡攤平，密封好冷凍起來。

輕鬆料理　風味升級

山藥料理中以生食最能吸收其酵素與黏蛋白等營養素，如磨成泥後拌飯、或作冷湯冷飲；熱食則多以燉湯為主。由於含有植物鹼，雖然不像芋頭那麼厲害，但皮膚容易過敏的人建議還是戴上手套再來處理山藥。為了使料理成品白淨潔美，去皮後的山藥可先行浸泡於鹽水或檸檬水中，便能減少因氧化而造成變黑的現象。山藥雖然是養生食材，但它黏黏稠稠的口感，使許多人敬而遠之，因此料理時不妨用點巧思，增加一些食用的趣味，例如在立秋之後，結合都剛好進入產季的山藥與龍眼（乾），做成香甜迷人的煎餅，十分可口！

山藥麥飯

山藥麥飯，或叫山藥泥蓋飯，日文「麦とろ」，是指在大麥與白米混和炊煮而成的熱飯上，淋上雪白黏滑的山藥泥，加入適當調味後，用筷子攪勻便可大快朵頤。和冷蕎麥麵或素麵一樣，都屬於日本人很喜歡的「稀哩呼嚕吃光光」的夏日元氣涼食。

日本美食節目「料理東西軍」就曾仔細介紹過山藥麥飯的做法，當然為了節目效果（要和另一道料理進行 PK 賽），示範料理步驟的大廚通常會竭盡所能地在食材、調味與做法上講究，我們平常人家毋須一窩蜂跟進，畢竟會動念想吃這道冷食，肯定是南風徐徐的盛夏，連開抽油煙機都懶了，若為一碗山藥麥飯弄得滿頭汗，可就本末倒置啦。對了，如果不想花時間做柴魚高湯，可直接選用鰹魚風味的日式醬油來拌飯；茹素者可改用昆布風味的日式醬油。

材料 3-4碗
山藥 300g
大麥 150g
白米 150g
柴魚 10g
蛋黃適量（不吃生蛋者省略）
海苔粉適量

材料 醬油適量
山葵泥適量

美味
一點訣

❶ 山藥做料理，煮湯要選鬆軟又Q的台灣山藥，若要做成涼拌菜或磨成山藥泥拌飯，建議使用日本品種的山藥才夠爽口。

❷ 市面上能買到的大麥幾乎都是進口的，如果是日本進口的，通常包裝上會寫「押麥」，即乾燥輾壓過的大麥片，吃起來有點QQ的，咬感不錯；如果誤用燕麥片，飯煮好就不是粒粒分明，而是有點黏糊。大麥片在一些生機飲食材料行或日系超市可買到，另可改煮雜糧飯或蕎麥麵代替麥飯。

步驟

❶ 大麥淘洗兩次後，放入等比（即1杯大麥，就放1杯水）的水浸泡1小時。

❷ （等大麥浸泡時間接近1小時）淘洗白米，放等比的水後，連米帶水倒入大麥攪勻，蒸熟。

❸ 等待蒸熟麥飯的時間，燒開600c.c.的水，放入柴魚片，熄火浸泡20分鐘，濾去柴魚片後即為柴魚高湯。

❹ 電鍋開關跳起後，取出麥飯，以飯杓撥鬆，再放回電鍋燜上10分鐘。

❺ 山藥削皮後，磨成泥，每次加入1大匙柴魚高湯，用力攪拌，共加3次高湯，山藥泥會出現膨鬆感。

❻ 取一深碗，盛入麥飯，淋上山藥泥，撒上海苔粉，中央放入蛋黃，依個人口味添加適量的醬油與山葵泥，拌勻後即食。

桂圓山藥煎餅

在家做煎餅這類點心無需太過嚴謹，靈光乍現時增加一些小變化，很多時候私房美味就這麼出現了。就像山藥煎餅一樣，加入不同粉類，就有不同的口感呈現，喜歡煎餅吃起來軟Q的放糯米粉；愛好酥脆的，則加點地瓜粉；如果家裡只剩麵粉，也沒關係，和一和煎成軟餅也不錯。我偏好用現成的鬆餅粉來做——以等比的鬆餅粉、山藥泥和牛奶為基礎調製出來的粉漿，煎過以後一口咬下好酥脆，咀嚼時又特別Q彈，兩種口感一次滿足。如果能買到台南東山傳統窯焙的龍眼乾，泡軟以後拌入粉漿，煎餅就會呈現龍眼乾燻焙後的迷人香甜。

材料

紫山藥 100g
鬆餅粉 100g
牛奶 100c.c.
桂圓乾（去籽龍眼乾）30g
清水 1 大匙
砂糖 30g

步驟

❶ 把緊黏的龍眼乾肉掰開，以清水泡軟。

❷ 紫山藥去皮後磨成泥，加入糖、牛奶與鬆
餅粉徹底攪勻，再拌入泡軟的龍眼乾。

❸ 平底鍋刷上薄油，文火加熱，
舀些粉漿放入鍋中，待粉漿
邊緣微微翹起，且開始出
現小孔洞，才小心翻面，
將底面煎酥即可。

美味
一點訣

❶ 若無飲食上的限制，不妨以米酒代替清水浸泡龍眼乾，並連同米酒拌入
麵糊中，增加煎餅的香氣。

❷ 如希望每一口煎餅都能吃到香甜龍眼乾，不妨在步驟 ❶，龍眼
乾泡軟後，以廚用剪刀把龍眼乾剪碎。

❸ 據說有些坐月子中心也提供這款小點心，只不過為了加強滋
補的效果，會把砂糖改成黑糖，並以麻油來煎餅。

❹ 另可改用一般白色山藥來做這款煎餅，放點醬油、鹽巴，拌些海苔粉或鰹魚粉，
做成鹹味版本；總之，當作扮家家酒一樣，翻翻家裡有甚麼現成的材料和調味料，
腦力激盪一下，看看能拼湊出多少種私房美味煎餅吧。

根莖類 ❹

Potato

馬鈴薯二三事

大地的蘋果，百變的配角

馬鈴薯，又叫洋芋、土豆，法國人稱它為「大地的蘋果」。台灣栽種馬鈴薯的地方多在中南部，產期則集中於冬春兩季，由於冷藏技術進步，加上進口品的調節，因此市面上終年都可買到量多價穩的馬鈴薯。挑選時以結實無皺者為優，避免買到有芽點或皮色帶青的，因為這樣的馬鈴薯已產生具毒性的龍葵鹼，對人體有害。

聰明選購

細心存放

馬鈴薯種類非常多，大致以含澱粉量多寡分為蠟質與粉質兩種，前者皮薄而亮，觸感硬實；後者皮稍厚且皮色暗。

馬鈴薯置放在通風陰涼處即可，無需冷藏，然務必在發芽前料理，或與蘋果放在一起，利用蘋果釋出的乙烯延緩馬鈴薯發芽的時間。若感覺表皮有些小芽點要冒出來了，不妨先挑出來做成薯泥，之後再慢慢料理。

輕鬆料理

風味升級

雖說市面上常見的幾種馬鈴薯都能用來製作薯泥，但若想強調高澱粉的鬆軟口感，則建議選用粉質馬鈴薯。
薯泥的做法相當簡單——去皮、切塊、煮熟或蒸熟、趁熱搗成泥並簡單調味，就完成最基礎的馬鈴薯薯泥，之後可加上三色蔬菜丁與白煮蛋拌成馬鈴薯蛋沙拉，也能拌入吃剩的泡菜、醬菜變成開胃小品，或者加咖哩粉調味後，用餛飩皮包起來炸成咖哩餃，更可與炒好的絞肉混合，油炸成可樂餅或焗烤成派……真是百變的配角！

平日做好薯泥放冰箱裡存著，每餐取一些出來，加上家裡現有食材或調味料來變化，對忙碌的廚夫煮婦們來說，實在是很便利的冰箱常備菜。

基礎薯泥

馬鈴薯不像地瓜、芋頭或南瓜等根莖類作物，有較明顯的風味，因此料理時反而有較大的發揮空間，亦中亦西，甜鹹皆宜，是款百搭的食材。

只要加入不同的油品與調味料，就能讓原本素簡的薯泥展現不同風味。例如為了讓薯泥有一定的滑順與潤口，可添加的品項就有橄欖油、美奶滋、奶油、鮮奶油、酸奶油、牛奶、優格等等；若想增添薯泥的風味，調味上則從乾燥類的胡椒粉、肉荳蔻粉、咖哩粉到乳酪粉，或蒜頭、洋蔥、巴西里等等新鮮的辛香料，千變萬化，皆可隨喜應用。

簡單調味過的薯泥本身就很可口，但用點巧思變化，無論當早餐三明治夾餡、派對點心或宴客料理，甚至利用假日和家裡小朋友一起動手做點馬鈴薯麵疙瘩，方便美味又有趣。

材料　馬鈴薯數顆約 400g

調味料
巴西里 2 小匙（使用乾燥品則 1 小匙）
鹽巴 1/2 小匙
胡椒粉 1/4 小匙
鮮奶油或美乃滋 1 大匙左右

步驟

❶ 馬鈴薯洗淨後削皮，如體積大，先切塊再放入鍋中，注水漫過，中大火煮開，再改中火煮 10 分鐘。

❷ 把竹籤插入馬鈴薯塊試軟硬度，如可輕易穿透表示已煮熟；反之，則延長烹煮時間。

❸ 瀝去水分，趁熱將馬鈴薯塊壓成泥，加入切碎的巴西里與其他調味料拌勻。

美味一點訣

❶ 老外習慣用水烹法來煮馬鈴薯，若家中有電鍋，用蒸的不用顧火更方便，但蒸好的馬鈴薯含水量多，如果料理上需要塑型或想要較乾爽的口感，就不那麼適合。

❷ 馬鈴薯帶皮吃也行，吃全食物更營養，只是連皮壓的薯泥在色澤上看起來較不討喜。

❸ 重口味者可壓點蒜泥拌入。

❹ 家中來客時，前一晚把薯泥做好，當天現場做成簡單的午茶輕食或大分量的焗烤菜色，不用花太多準備工夫，也不用擔心失手問題，輕鬆當個優雅的主人。

❺ 準備一些白煮蛋，對切為二之後，挖出蛋黃與等量的薯泥拌勻，可另加點黃芥末醬壓蛋腥、加點鮮奶油使蛋黃薯泥更潤口。再裝入烘焙專用的擠花袋，重新將蛋黃薯泥填入挖空的白煮蛋，當做宴客前菜，美哉。

馬鈴薯蛋沙拉

火傘高張的夏季，進廚房做菜挺磨人心志，炎熱使人心煩氣躁，如果再點上瓦斯爐，打開轟轟作響的抽油煙機，把廚房變成大烤箱，只怕好不容易做完一桌菜，也沒心情吃飯了。因此，夏天做菜，以減少在瓦斯爐旁罰站的時間為最高指導原則，為達此目的，值得用盡心機來改變菜式的烹調法，能送烤箱的，送！能丟電鍋的，丟！即使是像馬鈴薯沙拉這樣簡單的菜色，也要在不流汗的前提下，一（電）鍋搞定。

馬鈴薯蒸過後會出一點水分，想減肥或不在意潤口度的話，連美乃滋都不用放，直接和蔬菜丁、玉米粒拌勻，簡單調味，這樣一大碗有蔬菜、蛋白質和澱粉的馬鈴薯蛋沙拉，當主食或配菜都好。夏日正午熱昏了沒食欲，拿它來抵一餐也有基本營養。同時，白色的馬鈴薯泥襯著蔬果丁的顏色好鮮豔，若額外放些酸酸甜甜的蘋果丁，滋味更好，難怪它是所有小朋友都喜歡的「媽媽菜」。

材料
馬鈴薯數顆約 400g
胡蘿蔔 1 小段約 50g
小黃瓜 1 根約 100g
玉米粒（生）50g
雞蛋 3 個

調味料
義大利香料粉或黑胡椒粉 1/4 小匙
鹽巴 1/4 小匙
美乃滋 2 大匙左右

步驟

❶ 雞蛋洗淨後輕輕敲出裂痕，再放入碗中，注水近蛋高，再把碗放到大鍋裡。

❷ 馬鈴薯與胡蘿蔔削皮切小丁，連同玉米粒，分區放進大鍋裡。電鍋外鍋放 1 杯水，蒸 20 分鐘左右，開關自動跳起。

❸ 小黃瓜洗淨切丁，放 1/8 小匙鹽巴抓勻，醃 10 分鐘後以冷開水清洗多餘鹽分，2-3 次，濾乾備用。

❹ 蒸熟的蛋立刻浸入冰塊水降溫，利用溫差，輕易剝除蛋殼。將白煮蛋切碎。

❺ 取出玉米粒與胡蘿蔔丁，將鍋中剩下的馬鈴薯壓成泥。

❻ 再加入切碎的白煮蛋，稍稍壓成泥並保留部分蛋白顆粒。

❼ 加入胡蘿蔔丁、小黃瓜丁、玉米粒與調味料，拌勻即可。

美味一點訣

❶ 若喜歡有咀嚼口感，在把馬鈴薯與白煮蛋壓成泥的時候，可刻意留下部分顆粒。

❷ 使用罐頭玉米則不用蒸，直接和處理好的小黃瓜丁拌入薯泥即可。

❸ 吃剩的蛋沙拉用來抹吐司，就是清爽的營養三明治；或與市售的龍蝦沙拉拌勻，抹上切片的法國麵包變成午茶點心。

中捲鑲蛋沙拉

這道涼菜本身的調味很溫和,因此調製一些明太子醬或青醬搭配,讓這兩種醬料發揮畫龍點睛的作用,賦予菜餚更討喜的風味。明太子是醃漬過的鱈魚卵,如果包裝上標有「辛子」二字,表示微辣。由於利用鹽醃的手法來保存魚卵,味道偏鹹,雖說《深夜食堂》裡的脫衣舞孃每次都點「半熟烤鱈魚子」下酒,但適當調味後,才能更無負擔地享用。

中捲鑲蛋沙拉製作步驟不難,卻很有視覺效果,令人感覺是很費工夫的料理,如果再加上現打的青醬或特製的明太子醬,風味絕佳。以之宴客,更顯主人殷勤。至於沒用完的明太子醬,密封收冷藏,約可存放一週。用來抹法國棍子麵包、烤馬鈴薯或炒義大利麵都很合拍。

淋醬（擇一即可）

青醬 1 大匙（做法請參考「素青醬馬鈴薯麵疙瘩」,p065）
明太子醬 1 大匙

材料 薯泥 250g（做法請參考「基礎薯泥」，p051）
白煮蛋 1 顆
中捲 1-2 尾（看體型大小）約 400g
蘆筍 2 根
胡蘿蔔 1 細條（與蘆筍等粗、中捲等長）
生菜葉 100g
松子 1 大匙

調味料 黃芥末醬 1 小匙

步驟
❶ 白煮蛋剝殼後切碎，連同黃芥末醬一起與薯泥拌勻。

❷ 燒開半鍋水，先將蘆筍與胡蘿蔔條汆熟，瀝乾備用。

❸ 再燙煮中捲，水滾時熄火，讓中捲在熱水中泡一下即撈出，浸入冰塊水（冷開水加冰塊）中降溫，撈出瀝乾。

❹ 將蘆筍與胡蘿蔔條放入中捲，再慢慢填塞馬鈴薯蛋沙拉，將中捲塞飽。

❺ 洗淨瀝乾的生菜葉切絲鋪盤底，再將中捲切圈段排上，最後淋下青醬或明太子醬，撒些烤過的松子。

製作明太子醬

材料與調味料
明太子 50-60g
橄欖油 1.5 大匙
美乃滋 1.5 大匙
味醂（みりん）1 小匙
日式醬油 2 小匙
山葵醬 1-2 小匙
清酒或米酒 2 小匙
檸檬汁 2-3 小匙

步驟
❶ 撕開明太子的薄膜，用小湯匙刮下魚卵，放入碗中。

❷ 加入其他調味料，仔細拌勻即可。

美味一點訣
❶ 這道菜比較困難地方在於中捲體型有大有小，能塞入多少薯泥很難精準，因此把握「可多不可少」的原則，多做些薯泥，避免面臨塞不飽中捲的困窘。餘下的薯泥還能做其他菜色。

❷ 中捲勿久煮，才不會縮水得太嚴重；煮熟後泡冰塊水裡降溫，以保持 Q 彈口感。

❸ 把中捲塞得飽滿，才容易切出完美斷面。

地中海風味炸薯球

每年都會有幾場較具規模的運動賽事在電視上轉播，雖然不是運動員，也沒有特別支持哪個隊伍或球星，但窩在沙發裡和親愛的家人或朋友一起欣賞球賽卻為人生樂事。看球賽不只眼睛忙，嘴巴也要跟著運動才完美，算好時間，球賽開始前十分鐘，從冰箱裡取出事先做好的薯球半成品，丟入燒熱的油鍋中，把薯球炸得金黃酥脆。再來幾瓶冰鎮啤酒，場上好手個個摩拳擦掌，電視機前的觀眾也正要展開一段緊張刺激卻歡樂無比的時光。甫起鍋，薯球鼓脹的模樣很可愛，吹涼咬一口，外皮香酥，質地卻如麻糬般Q軟，加上有點燙嘴的乳酪，濃郁的乳香中帶著橄欖或番茄的淡淡鹹味，真像廣告裡說的「真唰嘴」！

材料（大約可做15個）

薯泥 180g（做法請參考「基礎薯泥」，p051）
醃漬橄欖 10g（去籽後淨重）
帕梅森乳酪粉（Parmesan）適量
馬鈴薯粉 30g
蒜泥 10g
橄欖油 1 小匙
油漬番茄 10g
軟質乳酪 30g
麵包粉 30g

美味一點訣

❶ 市面上能買到的純馬鈴薯粉（片栗粉）多從日本進口，本地製造的太白粉多為樹薯粉，兩者可以通用。用量以薯泥不黏手為準。

❷ 若想節省時間，也可直接把薯泥做成餅狀，用平底鍋煎熟。唯須注意，若薯泥餅的厚度不夠，就不能放乳酪當內餡。

❸ 薯泥混有鹽分的醃漬品與乳酪，滋味足夠，空口吃即可。重口味者可依喜好附上黑胡椒粉、黃芥末醬、番茄醬等蘸料。

步驟

❶ 將醃漬橄欖與油漬番茄切碎，軟質乳酪切小丁。

❷ 用橡皮刮刀把薯泥、馬鈴薯粉、蒜泥與橄欖油拌勻後，等分為二。

❸ 將步驟 ❷ 處理好的薯泥，分別與醃漬橄欖、油漬番茄拌勻（兩種風味）。

❹ 取薯泥（15~18g）放在抹了油的掌心，稍微壓扁後放入乳酪丁，再搓圓，務必確實把乳酪丁包緊。

❺ 把薯球裹上麵包粉，放入熱油裡炸到淡黃色的程度，撈出盛盤後撒上乳酪粉。

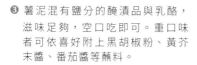
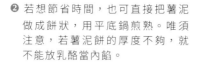

焗烤培根洋芋泥

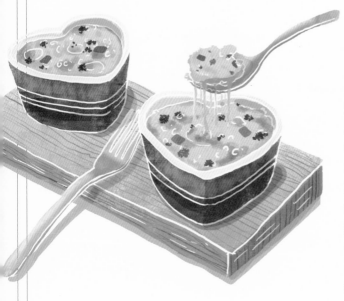

拜西方飲食普及之賜，即便家裡只剩幾顆馬鈴薯，今日煮婦也「能」為無米之炊。特別是現代廚房多走開放設計，流行把牆打掉，讓廚房與餐廳合一，甚至把客廳、廚房與餐廳整合為一個空間，因此傳統中式油煙多的菜色漸漸從家庭中退出，無油煙料理儼然成為主流，煮婦們也順勢免去做完菜，總是滿身油煙的煩躁。

說到無油煙料理，利用烤箱做焗烤可是最方便的了。只要不會互相搶味，肉類、海鮮或蔬果都可以隨喜搭配，葷素各取一點與馬鈴薯泥混合，鋪滿乳酪絲，送烤箱就大功告成，即使家中臨時來客也不怕。

材料
薯泥 500g（做法請參考「基礎薯泥」，p051）
培根 2-3 片約 70g
新鮮巴西里（parsley, 洋香菜）1 大匙（或改用乾燥品，用量減半）
焗烤專用乳酪絲適量

調味料
無鹽奶油 15g
鮮奶 4 大匙左右
鮮奶油 3 大匙
鹽巴 1/8 小匙
白胡椒粉 1/8 小匙
荳蔻粉少許（可省）

美味
一點訣

❶ 乳酪絲的用量依烤盤面積而異，雖說乳酪絲多放很美味，但薯泥裡的培根已經帶鹹味，所以用量還是要斟酌一下，下手別太重。

❷ 裝進烤杯的材料基本上都熟了，若改用淺盤盛裝，使用一般烤吐司用的小烤箱來烤也是可以的。唯一要注意的是小烤箱無法調整溫度，烘烤過程需留意，避免表面過焦。

❸ 捨培根，改用各色海鮮，就變成「漁夫版」的焗烤薯泥。

步驟

❶ 培根剪碎或切碎，放乾鍋乾炒或以小烤箱烘烤，把油逼出來。

❷ 趁做好的薯泥還溫熱時，將步驟 ❶ 烤好的培根碎連同逼出來的油脂，以及所有的調味料加入薯泥裡拌勻。

❸ 巴西里洗淨後瀝乾，切成細末，預留少許做最後的裝飾，其餘放入薯泥裡拌開。

❹ 預熱烤箱：180℃ 10 分鐘；等待預熱的同時，將薯泥分裝至烤杯，八分滿。

❺ 鋪滿乳酪絲與預留的巴西里碎。

❻ 放入烤盤，改轉 170℃烤至乳酪絲融化、表面金黃微焦即可。

農舍派

「牧羊人派」（Shepherd's Pie）為傳統的英國菜餚，最早的版本是使用羊絞肉做為主原料，故而得名。後來這道菜發揚光大，版本開始多起來，其中以牛絞肉最為普遍，因此「牧羊人派」有了姊妹品「農舍派」（Cottage Pie），好與羊絞肉的版本區分，不過即使用了羊肉以外的肉品來製作，似乎大家還是習慣沿用舊稱呼。

牧羊人派也好，農舍派也罷，基本做法都是把炒好的茄汁肉醬鋪在烤皿下層，中層是水煮蔬菜丁，再鋪滿薯泥，用叉子在薯泥表面畫出格紋，最後將薯泥送進烤箱，把表面烤出酥酥黃黃的感覺就大功告成。這道不花俏卻耐吃的鄉村料理，特別適合平日不太開伙，冰箱裡少有新鮮蔬菜的家庭；同時因為口味大眾化，老少咸宜，也適合拿來當宴客菜。

層層疊疊的農舍派端上桌，記得好好「攪和攪和」，令肉醬、蔬菜丁與薯泥充分混合，一口吃下，才是真正美味。

材料
（用量將因烤皿尺寸而異）

薯泥 300g（做法請參考「基礎薯泥」，p051）

三色蔬菜丁（胡蘿蔔、玉米粒與青豆仁，新鮮或罐裝皆可）200g

洋蔥 1 顆約 250g

牛絞肉 500g（含適量脂肪，或部分以豬絞肉代替）

牛番茄 1 顆約 200g

調味料

英國黑醋（Worcestershire sauce，又叫辣醋醬油或伍斯特醬）10c.c.

番茄醬 50g

無鹽高湯或水 150c.c.

鹽適量

黑胡椒粉少許

步驟

❶ 處理食材：牛番茄削皮後打成泥，洋蔥去皮後切末，蔬菜丁汆過（罐裝品則免汆）。

洋蔥切頭留根，剝除外皮，從頭部往下切對半，剖面朝下，靠近根部 1 公分不切斷，順紋直切成絲後，刀轉 90 度，可快速切出細丁。

❷ 鍋子燒熱後放少許油，以小火把洋蔥炒軟，改中火，放入牛絞肉炒到粒粒分開。

❸ 下番茄泥與番茄醬拌炒，再加其他調味料燒開。

❹ 保持小火慢燉，令湯汁接近收乾呈現濃稠貌。（預熱烤箱：200℃，10 分鐘）

❺ 烤皿底層先鋪炒好的絞肉，再鋪上蔬菜丁，最後鋪滿薯泥（使用橡膠刮刀較易抹平抹實）。

❻ 用叉子在薯泥表面畫出花紋，再送入烤箱烤 20 分鐘左右，薯泥表面的格紋烤出金黃色即可。

美味一點訣

❶ 也可額外在薯泥上鋪滿比薩專用的乳酪絲，做成風味更濃郁的焗烤料理。

❷ 喜歡表面的薯泥更有視覺效果，就把薯泥裝入擠花袋中，利用擠花嘴將薯泥擠出美麗的線條。

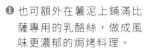
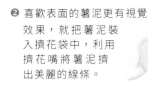

可樂餅

披了一身金黃外衣的「日式媽媽菜」可樂餅（コロッケ），原料最早以馬鈴薯泥與絞肉為主，後來逐漸演化出許多版本，最常見的有用以地瓜、芋頭或南瓜代替馬鈴薯；牛絞肉則改用雞絞肉或豬絞肉，甚至是蟹肉。無論如何混搭，構成可樂餅美味的要素總脫離不了——炸到金黃酥脆的麵衣，鬆軟細緻的薯泥餡以及噴香潤口的絞肉。

利用製作「農舍派」（p061）的機會多準備一些薯泥和絞肉，分開包裝並冷凍保存，臨時缺一道主菜的時候，拿出來做成可樂餅，再搭配簡單的生菜沙拉，洋食風的家常美味，快速上桌。

材料
薯泥 200g（做法請參考「基礎薯泥」，p051）
調理好的牛絞肉 100g（做法請參考「農舍派」，
p061，步驟 ❷-❹）
麵粉 30g
蛋 1 顆
麵包粉 40g

蘸醬（擇一使用）
番茄醬適量
日式豬排醬適量（中濃香醋，或稱中濃醬）
咖哩醬 （將咖哩塊 30g 與黑巧克力 10g，連同
清水 70c.c. 一起燒成濃醬）

美味
一點訣

❶ 用來裹覆可樂餅的麵粉、蛋汁與麵包
粉需多準備一點才好操作，剩下的部
分只要另外加點薯泥、蔥花和鹽巴打
勻，就能煎成可口薯餅。

❷ 炸可樂餅需要稍多的油，才容易保持
可樂餅外型完整並在短時間內炸熟。
由於可樂餅裹覆了麵粉、蛋汁與麵包
粉，因此炸過的油不會留下太多雜
味，只要濾掉散落在油裡的麵包粉，
炸油還能用來做其他料理。

❸ 搭配可樂餅的生菜可準備最簡單的
「高麗菜千切」（高麗菜細絲），與
日式風味沙拉醬。

步驟
❶ 蛋汁打散後過篩，加入 1/8 小匙
的鹽巴及少許油拌勻。

❷ 將炒好的絞肉與薯泥拌勻，等
分為四，塑成圓
型。（鍋裡放油
燒熱，油溫大約
在 170℃）

❸ 依序將塑好型
的生可樂餅輕
裹上麵粉、
蛋汁與麵包
粉，用手掌
將麵包粉與
可樂餅壓緊。

❹ 將可樂餅放入油鍋中，炸
到邊緣酥黃，再翻面將另一面
炸成金黃色。依照可樂餅大小
與厚薄，大約需要 3-5 分鐘才
能炸透。

❺ 搭配喜歡的蘸醬與處理好的生
菜食用。

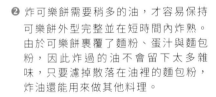

素青醬拌
馬鈴薯麵疙瘩

中國有麵疙瘩，以麵食為主的北方幾乎家家戶戶都會做，成品講求「彈牙」；西方也有這玩意，只不過老外用高比例的馬鈴薯來做麵疙瘩（Gnocchi），要求的是「鬆軟」。因此要做出標準的馬鈴薯麵疙瘩，除了掌握馬鈴薯與麵粉的比例，最重要的是「和麵」時——不用手，對，不要用手去揉，單用橡皮刮刀來拌，就不會使麵粉產生筋度，保有鬆鬆綿綿的口感。

西方人較常用來搭配馬鈴薯麵疙瘩的醬料多以乳酪（Gorgonzola，一種藍紋乳酪）為基底，由於味道濃郁，換到亞熱帶的台灣，除了冬天還適合，其他季節吃來容易生膩，因此不妨改做其他醬料搭配，如紅醬或青醬，會開胃許多。

製作 300c.c. 素食青醬

材料與調味料
新鮮羅勒葉或九層塔約 90g
松子 60g · 鹽 1 小匙
特級橄欖油 120c.c.
黑胡椒粉 1/4 小匙
帕梅森乳酪粉（Parmesan）15g

步驟
❶ 羅勒葉或九層塔摘去粗梗後洗淨風乾。

❷ 將羅勒葉或九層塔大切或大剪幾刀，放入食物處理器，加入橄欖油、鹽巴與黑胡椒粉，打成泥。

❸ 再放入松子與帕梅森乳酪，以食物處理器打勻。

❹ 裝入乾淨的玻璃瓶中，淋上橄欖油（食譜分量外）隔絕空氣，減少青醬氧化（變黑）的速度，密封罐子後冷藏。

美味一點訣
❶ 現拌現煮的馬鈴薯麵疙瘩最鬆軟，若有剩餘或想一次多做點當備糧，得先攤放著送冷凍成型，再收進袋裡，才不會黏成一坨。

❷ 葷食者，可額外放些蒜泥與鯷魚一同打成青醬，風味更佳。

製作 300g 馬鈴薯麵疙瘩

材料與調味料
馬鈴薯數顆約 250g
低筋或中筋麵粉 60g 左右
馬鈴薯粉或樹薯粉 15g
蛋 1 顆約 50g · 鹽巴 1/4 小匙
無鹽奶油 10g
帕梅森乳酪粉（Parmesan）10g

步驟
❶ 馬鈴薯削皮切塊後放鍋中，注水漫過，蓋上鍋蓋以中小火煮軟，約需 15-20 分鐘。

❷ 瀝去水分，趁熱將馬鈴薯壓成泥，加入鹽巴、奶油與乳酪粉拌勻。

❸ 將蛋打散後拌入，一邊篩入麵粉與馬鈴薯粉，一邊用橡皮刮刀把所有材料與調味料拌勻。

❹ 桌面上灑麵粉防沾黏，將拌好的麵團搓成數條，再切為適口大小。

❺ 用叉子在麵疙瘩上壓出紋路。

組合
❶ 水燒開後，下鹽，投入馬鈴薯麵疙瘩煮熟，浮起時撈出。

❷ 趁熱將馬鈴薯麵疙瘩與青醬兩大匙拌勻，撒上一些烤過的松子。

Chapter 2

瓜類

瓜類 ❶
Pumpkin

南瓜二三事

金黃燦爛的光彩使南瓜料理成為餐桌上最耀眼奪目的焦點。

南瓜，常被喚作「金瓜」，儘管盛產季節在春夏秋三季，菜市場上終年可買到價穩質優的南瓜。由於品種不少，購買時需依照料理需求挑選質地不同的南瓜，例如要炸或烤，就選橘皮的「東昇南瓜」或墨綠色皮的「栗南瓜」，口感較鬆軟；若要涼拌，則選擇葫蘆形的南瓜或剛採收水分較多的南瓜，質地較爽脆。如果還是記不住，別害羞，直接開口問問菜攤老闆吧。

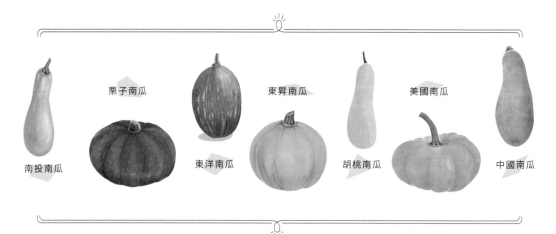

南投南瓜　栗子南瓜　東洋南瓜　東昇南瓜　胡桃南瓜　美國南瓜　中國南瓜

聰明選購　細心存放

南瓜耐放，只要環境陰涼通風，放上一兩個月也沒問題，很適合當作家庭常備蔬菜。不過擱在牆角久了，水分會慢慢散失，從日漸乾癟的蒂頭便可略知南瓜熟度，水分變少的南瓜比起涼拌，更適合久燉、煮濃湯、烘烤或做成甜點。由於囊與籽容易生霉，剖開後沒吃完的南瓜，最好挖淨囊與籽之後，再密覆保鮮膜冷藏。

輕鬆料理　風味升級

南瓜料理堪稱無國界，從東洋、西洋到本土，從涼拌、煮湯、或蒸或燒或烤或炸，甚而做成各種中西式點心都能勝任，實在是萬用好菜。它不只好吃，更有豐富的營養素，是很棒的抗氧化食材，其中最重要的 β 胡蘿蔔素，需要與油脂一同料理，才容易被人體吸收。另外，南瓜皮很硬，許多廚房新手不知如何削去南瓜皮，其實只要把外皮刷洗乾淨，或蒸或烤之後，就能輕鬆刮下南瓜肉，或者連皮一起吃更好，可攝取到鉀離子。如因料理需求必須捨去外皮，則先大刀剖開南瓜，再以菜刀小心切去大面積的硬皮，最後用削皮刀仔細削去零星的硬皮即可。

童話裡南瓜車領著灰姑娘與幸福相遇，現實生活裡，若能常常吃到美味的南瓜料理，何嘗不是幸福滿溢？

奶油南瓜濃湯

煮婦魂或許是天生的？才能解釋為何當年剛進入社會的我，已經喜歡在大大小小的市集、菜場與超市之間穿梭。

以前飛巴黎的時候，同事們通常約好一起去逛拉法葉或香榭大道，但我卻喜愛一個人逛過一間又一間的超市，且樂在其中，不覺時間流逝。巴黎超市裡販售許多即食濃湯包，品牌之多令人目不暇給，可見濃湯在法國人的飲食中具相當比重。南瓜口味是我最喜歡的法式濃湯，尤其一顆南瓜就能煮出好大一鍋的「濃醇香」，連許多不愛吃南瓜的小朋友都是一口氣咕嚕咕嚕喝光光，甚至還搖著空碗要「續湯」，可見美味無法擋！

材料　可做出 1.2 公升左右的湯
南瓜 400g（去皮去籽後淨重）
洋蔥 150g
高湯 400-500c.c.

調味料
動物性鮮奶油 200c.c.
牛奶 50c.c.
奶油（butter）10g
胡椒粉少許
鹽少許
月桂葉 1 片

美味點訣

① 乾燥的月桂葉可於大型超市或中藥行購得，用量雖不多，但有畫龍點睛之效。

② 步驟 ① 中，南瓜以刨絲的方式取代切丁，能縮短炒軟的時間。

③ 想要濃湯的口感更滑順，可在步驟 ③ 之後，使用濾網將濃湯過濾一次。

④ 拌炒菜料與最後加熱濃湯時，需不時攪動以防焦底。尤其以冷鍋加熱較容易黏鍋底，建議空鍋先加少許水燒熱後再倒入濃湯煮開。

⑤ 濃稠度可由牛奶或高湯的分量來調整，若不方便自製高湯，可用罐頭雞湯代替，但調味時就無需加鹽。

步驟

① 洋蔥去皮後切丁、南瓜去皮去籽後刨成絲。

② 以小火炒香奶油與洋蔥丁，洋蔥呈半透明時加入南瓜絲拌炒，再加入高湯與月桂葉燜煮成糊。

③ 熄火取出月桂葉，待溫涼，以食物調理機將南瓜糊打成泥。

④ 將南瓜泥倒入深鍋，以小火煮開，並分次倒入鮮奶油與牛奶調整濃稠度，最後以胡椒粉與鹽巴調味。

南瓜培根義麵

家中有聚會時，如果不想在廚房忙得鍋鏟菜刀滿天飛，煮義大利麵就是最簡便又大方的宴客秘招了。尤其用南瓜為主料做成麵醬，色彩亮眼，滋味濃郁，男女通吃、老少咸宜。只要事先將南瓜醬備妥，待客人上門時再燒水煮麵，拌好蛋黃醬，最後讓南瓜醬、蛋黃醬與義大利麵三者合而為一，輕輕鬆鬆就能搞定飢腸轆轆的客人。如果來客帶了小朋友，記得換上造型可愛的義大利麵，肯定讓小朋友眼睛一亮，把麵吃光光！

材料　6 人份

義大利麵 500g
南瓜 500g（瓜肉淨重）
洋蔥 150g
培根 150g
奶油（butter）20g
蛋黃 3 個
高湯 1 杯

調味料

動物性鮮奶油（無糖）150c.c.
牛奶 100c.c.
鹽少許
月桂葉 1 片
黑胡椒粉 1/4 小匙
帕梅森乳酪粉（Parmesan）　適量
巴西里適量

美味一點訣

❶ 選用造型可愛、中空式的義大利麵，不但能增加小朋友的食欲，也使麵體吸附更多醬汁。

❷ 煮義大利麵時，水量要多才容易煮出彈牙口感，建議每一百公克的麵，用一公升的水來煮。水中放鹽，則能讓麵體有些底味且不容易煮糊，水與鹽的比例大致為一公升的水放十公克的鹽巴。

❸ 步驟 ❺ 的蛋黃醬能增加麵條的滑順度，但需注意拌入時，麵條的溫度不能太高，避免蛋黃凝固變成蛋花。

❹ 如不喜歡過重的奶味，可省去拌入蛋黃醬的步驟，另可灑點紅椒粉（paprika）增加風味。

步驟

❶ 南瓜洗淨切大塊蒸熟，放涼後用湯匙刮下南瓜肉，並壓成泥。

❷ 洋蔥與培根分別切丁備用，炒鍋裡放培根以小火逼出油脂，取出培根丁備用。

❸ 炒鍋中放奶油以小火爆香洋蔥，待洋蔥呈半透明狀時，加入南瓜泥、高湯、一半的培根丁與月桂葉攪勻，煮開後再加入牛奶、鹽與黑胡椒粉調味，熄火，即為南瓜醬。

❹ 燒開一大鍋水（放鹽）將義大利麵煮熟，瀝乾後直接放入南瓜醬中拌勻。

❺ 把蛋黃和鮮奶油攪散之後，與義大利麵拌勻，灑上乳酪粉、切碎的巴西里與剩餘的培根丁即可。

焦糖南瓜布丁

「布丁」是許多人嘗試做甜點的第一個選擇，小心翼翼地按著步驟操作，待烤箱計時器歸零發出叮一聲時，立刻衝過去打開烤箱，小心拉出烤盤……哇，看起來真漂亮！等不及放涼，急急挖一口吃吃看，嗯，很奶很香，不過有隱隱約約的蛋腥味？找出食譜書再細看，難道是沒加「香草精」的緣故？可是，就幾 C.C. 的用量，不能省略或有其他替代品嗎？平時若喜歡動手烤蛋糕或做布丁，不妨買瓶水果風味的烈酒備著，用來代替人工合成的香草精最好不過。當然也可以下重本使用進口香草莢，只是香草莢很容易生霉，且臨時要用，不見得馬上能買到就是了。

材料　約1000c.c. 的布丁液
　　南瓜 300g 左右
　　雞蛋 5 顆（去殼後，淨重約 250g）
　　蛋黃 1 顆

牛奶 200c.c.
鮮奶油 200c.c.
砂糖 70g（依個人喜好增減）
蘭姆酒（Rum）或水果風味白蘭地 5c.c.

製作焦糖

步驟　❶ 取一乾淨鍋子，放入砂糖 150g 與冷水 30c.c.，小火加熱。約七分鐘後可聞到糖香，此時砂糖還是白色的。

❷ 再過兩三分鐘，砂糖開始轉黃，此時輕晃鍋身，一直到變金黃色，分兩次加入熱水，各 2 小匙，再燒一下即可熄火。加水時糖漿會冒煙且「撲鍋」，請小心；同時請注意加的須是熱水，因冷水會使焦糖瞬間變硬。

❸ 趁熱將焦糖分裝到烤皿，靜置一會兒，糖漿的溫度下降後自然呈現半凝固狀態，不會和之後倒入的布丁液混合。

製作布丁液

步驟

① 洗淨南瓜外皮後大切幾塊，電鍋蒸上，蒸好的南瓜很軟，用金屬湯匙就能輕易刮下南瓜肉。

② 將牛奶與砂糖煮化（糖溶解就好，無須煮沸），加入南瓜泥（約250g）與蘭姆酒，盡量攪散，再加入鮮奶油與打散的蛋液，拌勻。

組合

① 將做好的布丁液過篩並分裝到烤皿。

② 烤盤裡加熱水，放入烤皿後，水高約烤皿的 2/3 高。置於烤箱中下層，160℃蒸烤約40 分鐘，以細竹籤或探針戳刺布丁中心，如無蛋液沾黏表示已烤熟。

美味一點訣

① 以蘭姆酒（Rum）或水果風味白蘭地代替市售布丁慣用的香草精，風味更佳，亦可使用香草莢，用小刀剖開香草莢，以刀尖刮取細細小小的黑籽使用。

② 分裝布丁液之前，若能先過篩，則可減少氣泡，並提升口感的細緻度。

③ 用「蒸烤」的方式製作布丁，可避免烤箱溫度瞬間拉高，致使布丁液在凝固的過程中變成西式烘蛋那樣充滿氣孔。

④ 南瓜布丁熱吃冷食各有風味，若要倒扣布丁放盤子上，只要拿把小刀或竹籤沿著模型內緣劃一圈，反扣於盤子上，稍微搖晃即可輕鬆扣出。

⑤ 燒焦糖的鍋子放涼後很難洗，不妨另外煮好一些奶茶，倒入鍋中加熱使焦糖融化，不但有焦糖奶茶可喝，鍋子也容易洗乾淨，「一兼二顧」呀！

note

南瓜乳酪蛋糕

乳酪蛋糕是很受大眾喜愛的經典甜點，只要用料實在，按部就班來操作，即使是烘焙新手也能做得有模有樣，算是甜點的入門款之一。由於蛋糕糊中放了大量的奶油乳酪（cream cheese），烤好的乳酪蛋糕入口綿密濃郁很迷人，但若不搭著黑咖啡或無糖紅茶享用，怕是多吃兩口便覺膩，若改以南瓜泥取代部分的奶油乳酪，則可使成品更加香甜潤口。如果家裡有在過西洋萬聖節，不妨提前一兩天把蛋糕準備好（冷藏保存），節日當天敲門的小朋友們一定很喜歡呢！

兩份 4 吋蛋糕底部

材料
消化餅乾 80g
無鹽奶油 30g
砂糖 2 小匙

步驟

① 烤箱以 150℃度預熱 10 分鐘,奶油切丁備用。

② 製作蛋糕底部:將消化餅乾放入乾淨塑膠袋中,以圓瓶來回輾壓,使餅乾碎如粉末。

③ 將碎餅乾、奶油丁與砂糖混合均勻,鋪烤模底部,用小湯匙壓實。

④ 放入預熱好的烤箱,以 150℃烘烤 10 分鐘左右,取出,放涼。

美味
一點訣

① 製作蛋糕底部時,可撒一點點荳蔻粉或肉桂粉增加風味。

② 使用水果風味的白蘭地取代人工的香草精,可有效壓低蛋腥味,亦可改用香草籽。

③ 分切乳酪蛋糕時,只要事先將刀子放火上烤熱,就能切出漂亮的斷面。

兩份 4 吋蛋糕

材料
南瓜約 200g（帶皮帶籽）
奶油乳酪 200g
砂糖 70g
無糖原味優格 50g
檸檬汁 2 小匙
水果風味的白蘭地 1/4 小匙
蛋黃 2 顆
低筋麵粉 2 小匙

步驟

❶ 南瓜外皮刷洗乾淨後蒸熟，用金屬湯匙刮去南瓜籽，取南瓜肉約 150g 備用。

❷ 使用電動攪拌器將奶油乳酪打軟，分次加入砂糖打勻。冬天溫度低時，請用隔水加熱方式幫助奶油乳酪變軟。

❸ 加入優格、檸檬汁與白蘭地打散，再放南瓜肉打勻。

❹ 加入打散的蛋黃打勻，最後篩入低筋麵粉拌勻，完成蛋糕糊。

（烤箱以 180℃ 預熱 10 分鐘。）

❺ 將蛋糕糊倒入鋪了餅乾底的烤模中（八到九分滿），抓緊烤模在桌面上敲幾下使蛋糕糊裡的空氣排出。

❻ 送入預熱好的烤箱，改以 180℃ 烘烤 60 分鐘左右，以細竹籤刺探蛋糕中心，若無蛋糕糊沾黏表示已烤透。蛋糕先不脫模，待降溫後，連同模型一起密封冷藏，大約一天後風味最好。

❼ 以抹刀或小刀沿著烤模劃一圈，由烤模底部往上推，即可使蛋糕脫模。

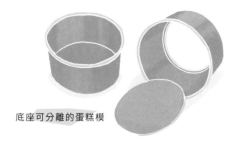

底座可分離的蛋糕模

note

Chapter 3

果

類

果類 ❶
Banana

蕉類二三事

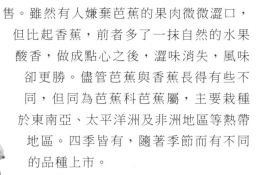

古人種蕉，為聽雨、為成詩寫詞，情懷浪漫；
今人用蕉做點心，為與所愛之人分享蕉的芳香甜美，浪漫依舊

無論甚麼季節走進傳統市場，都很容易在水果攤上發現芭蕉與香蕉的蹤影，前者短胖，後者瘦長，從外型上就能輕易分別；另外，俗稱「一口蕉」的旦蕉也時常可見，價格比起前二要貴些，而紅皮的蘋果香蕉與瘦長的美人蕉則可遇不可求，通常得深入鄉村方可得。由於滋味香甜、水分又少，香蕉在價格便宜的時候常被烘焙店拿來做成甜點出售。雖然有人嫌棄芭蕉的果肉微微澀口，但比起香蕉，前者多了一抹自然的水果酸香，做成點心之後，澀味消失，風味卻更勝。儘管芭蕉與香蕉長得有些不同，但同為芭蕉科芭蕉屬，主要栽種於東南亞、太平洋洲及非洲地區等熱帶地區。四季皆有，隨著季節而有不同的品種上市。

聰明選購　細心存放

剛採下來的香蕉或芭蕉大大一串，水果攤老闆通常用小彎刀從果柄切開，分成小串販售，選購時應以外型飽滿無傷為佳，至於熟度的選擇，現吃就挑熟一點的，不急著吃就買生一點的，只是千萬別為了能多放幾天而買太生太綠的，這種提早採收的香蕉或芭蕉即使放到熟黃，香度、甜度與口感總是差一點。香蕉或芭蕉勿冷藏，應置放於陰涼通風處。

輕鬆料理　風味升級

和其他水果不一樣，蕉類得成串買，所以熟度一致，要不全生的吃不了，要不像約好似的一起熟。尤其天熱，不用兩天就整串熟透，招來小果蠅；想要在最佳賞味期限之前食畢，用之做點心最好不過。外皮出現小黑斑表示完熟，此時取出蕉肉搗成泥，混點麵粉與砂糖做成煎餅，或者用春捲皮捲好酥炸，更可拌入蛋糕糊，烤出充滿「蕉香」味的蛋糕，換個形式延續香蕉與芭蕉的美味。

芭蕉可可 磅蛋糕

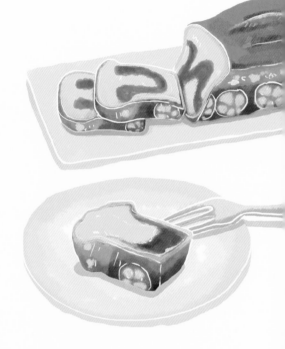

磅蛋糕（pound cake），屬於重奶油常溫蛋糕，最早是用分量各一磅的奶油、麵粉、砂糖與蛋所製成，故而得名。只要分別處理好濕性與乾性材料，再將兩者充分混合，入模烘烤即可。由於製作步驟簡單，不容易失手，對於烘焙初學者來說是一款「蹲馬步等級」的入門蛋糕；熟能生巧之後，又能依照個人喜好，發揮巧思變化出各式各樣的私房版本。

經過多年調整配方，自家烤製磅蛋糕時不僅減油減糖，還喜歡「偷渡」一些蔬果泥到蛋糕糊中，增加營養與風味，其中把芭蕉壓成泥混入蛋糕糊中所烘焙出來的磅蛋糕，質地鬆軟略有濕潤感，芭蕉的酸香巧妙平衡了蛋糕本身的厚實甜膩，意外地產生令人驚喜的美味。如果家中剛好有熟透卻來不及吃的芭蕉（當然香蕉也可以），便是烤磅蛋糕的最好時機。

材料　使用內徑 20cm x 5.5 cm x 5.5cm 蛋糕模，以下分量可做兩個

芭蕉 3-4 根（去皮後淨重約 200g）　　雞蛋 4 顆

去殼核桃 50g（可改用其他堅果）　　低筋麵粉 200g

檸檬汁少許　　泡打粉 2 小匙約 6g

蘭姆酒或水果白蘭地或香草精數滴　　可可粉 10g 或 20g（做純可可口味使用

無鹽奶油（butter）150g　　20g，若做雙口味，則只用 10g）

細砂糖 150g

預備

❶ 奶油放室溫環境軟化。

❷ 用刷子在蛋糕模內側塗抹上一層薄薄的奶油，撒點麵粉以防止蛋糕烤好後沾黏在烤模裡，如使用不沾塗層的烤模，則可省略此動作。

❸ 將去腥用的水果酒或香草精加入蛋汁打散。

❹ 混合泡打粉與低筋麵粉之後，過篩，使粉粒細緻易拌合。

❺ 剝去芭蕉皮，切出足量的圓片，沿著烤模底部四邊鋪滿一圈；剩下的芭蕉壓成泥，加入檸檬汁拌勻備用。

❻ 核桃仁放入烤箱烘一下，放涼後壓碎。

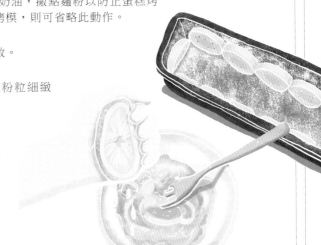

步驟

❶ 用電動攪拌器打散奶油至呈現霜狀，分三次加入細砂糖打勻。

❷ 分三次加入蛋汁，與奶油打勻。

❸ 加入芭蕉泥，用橡皮刮刀拌勻。（預熱烤箱：170℃，10 分鐘）

❹ 分三次加入篩過的粉類，用橡皮刮刀把蛋糕糊徹底拌勻（若做雙口味則將麵糊分成
兩鍋，其一篩入可可粉 10g）。

❺ 拌入碎核桃仁（約 4/5）。

❻ 將蛋糕糊倒入烤模，雙手抓穩烤模，
往桌面或地輕敲幾下，會有小氣泡
浮出、破掉。

❼ 避開中央線的位置，在蛋糕表面撒
上剩餘的碎核桃（約 1/5）。

❽ 將蛋糕糊送進預熱好的烤箱，先烘烤
15-20 分鐘，時間到時取出，用小刀
在蛋糕中央線的位置劃一刀，再送進
烤箱以 160℃，烘烤 30 分鐘左右。

❾ 以抹刀或水果刀沿著模型內側畫一
圈，小心扣出蛋糕，置於烤架上放涼，
可直接食用，但冷藏一晚後風味更佳。

美味
一點訣

❶ 芭蕉加點檸檬汁便能減少果肉接觸空氣後，氧化變黑的情況。

❷ 核桃仁稍微烘烤過可去除濕氣，唯堅果類富含油脂，注意勿使烤焦（變苦）。

❸ 步驟 ❻，蛋糕糊入模後敲幾下，目的在使蛋糕糊中的空氣排出，烤好的蛋糕體才不會充滿孔洞。

❹ 各家烤箱熱力略不同，預熱與烘烤時間僅供參考，判斷蛋糕是否烤透，需以竹籤或專用探針往蛋糕中心處插到底，挑出後無生麵糊沾黏即為烤熟。

❺ 欲做雙色蛋糕，可將麵糊分二，其一篩入可可粉拌勻做為蛋糕底部，再倒入原色麵糊，做出「上黃下黑」的效果。或者兩色麵糊同時入模，用竹籤隨意畫出線條，混搭出「大理石」花紋的切面。

雙色蛋糕 A、B 版：

A: 上黃下黑　B: 大理石花紋

椰香芭蕉捲

泰國鬧街或景區常可見販賣烤芭蕉的小攤子，剝皮後的白肉芭蕉一根挨著一根，貼緊著烤架擺放，底下則是微微的炭火。賣烤芭蕉的老闆動作彷彿與炭火呼應，總是斯條慢理地翻動芭蕉，使之均勻受熱，直到淡白色的芭蕉果肉上出現炭火吻過的印痕，美味才算完成。微燙的芭蕉甫入口，淡淡的炭火味十分迷人，而芭蕉本身的天然果酸味更是討喜。

除了直火燒烤芭蕉，以油炸的方式來做芭蕉點心，又快又便利。取芭蕉肉壓成泥，用春捲皮裹好再下油鍋，既可吃到芭蕉的美味，還多了幾分春捲皮炸過後的酥脆口感。只是新鮮春捲皮得上傳統菜場購買，而且得現買現用，無法長期保存。所幸現在有許多專賣南洋商品的小雜貨店，買一包泰國和越南常用的乾燥米紙備著，隨時想做點「甚麼捲」都很方便。乾燥米紙看起來像半透明的塑膠圓片，遇水後只消幾秒便開始軟化，且富黏性，因此無需再抹麵粉水封口。

材料

芭蕉 3~4 根（去皮後淨重約 200g）
檸檬汁 1 大匙
乾燥米紙或新鮮春捲皮 4 張
薄荷葉少許（提味，可省略）

調味料

砂糖 10g
椰子粉 20g
喜愛的調味：如花生粉、可可粉、
肉桂粉或巧克力醬、煉乳等等

步驟

❶ 剝去芭蕉皮，把芭蕉壓成泥，加入檸檬汁、砂糖與椰子粉，拌勻備用。

❷ 在乾燥米紙上刷清水，靜置 1 分鐘左右，讓米紙變軟。

❸ 撒幾片薄荷葉在米紙上，再抹上芭蕉泥，像包春捲一樣，一邊把
米紙外緣往內收，一邊把芭蕉泥捲密。

❹ 起油鍋，以中火把油燒到中油溫（即 150℃左右），放入芭蕉捲，炸
到金黃即可。

❺ 將芭蕉捲一切為二，佐以喜愛的調味。

美味一點訣

❶ 芭蕉加點檸檬汁壓成泥，能減少果肉氧化變黑的狀況。

❷ 只要將芭蕉捲炸到浮起，外表呈淡黃色，用夾子碰觸時感覺外皮有酥脆感，即可起鍋，
無需久炸。

果類 ❷

Avocado

酪梨二三事

淡黃色的果肉滑潤柔軟，具淡淡的核果香氣……

酪梨，又叫鱷梨、牛油梨、奶油梨或幸福果。原產於中美洲，在物資缺乏的年代被稱為「窮人的奶油」。台灣早年便引進試種，以嘉南平原與高屏等地為主要產區，其中又以台南麻豆所產的酪梨最有名氣。酪梨品種多，依照熟成的季節大致分為早熟、中熟與晚熟，大致從入夏開始到隔年農曆年前都是它的產季。除了本土栽種，偶爾在超市裡也能看到進口貨，即表皮有粗粒的哈斯酪梨（Hass Avocado），全世界的酪梨以此品種為最大宗。

聰明選購　細心存放

挑選酪梨時以外型完整無傷為好，至於顏色，濃綠色的外皮表示果實尚未成熟，不能食用，須等到外皮轉為深深的紫紅色之時，才能大快朵頤（有的品種是轉為黃綠色）。購買時不妨每種熟度各挑一些，這樣就能配合熟成的時間，逐顆品嚐。

買來的酪梨置放於通風處，享用美味前得耐心等候其自然完熟，即外皮變色，蒂頭略鬆動有空隙，且搖晃果實時，裏頭的種子有晃動感。

輕鬆料理　風味升級

酪梨營養豐富，尤以富含不飽和脂肪酸最為人知。淡黃色的果肉滑潤柔軟，具淡淡的核果香氣，除可直接生食或打成飲品，亦可入菜，做成蘸醬、開胃菜、沙拉，甚至捲成壽司或各色甜品等等。唯需注意的是酪梨和香蕉不一樣，不是熟點生點都能入口，酪梨一定要夠熟才好吃。買回的酪梨若一起熟透，來不及吃完，不妨先取出熟透的果肉放入密封盒，冷藏或冷凍保存即可（一般冷飲店即以冷凍方式預存酪梨，才能全年無休供應酪梨牛奶）。

由於酪梨切開後，果肉接觸空氣後容易氧化，因此料理時須把其他材料都處理好，到最後一刻再來取酪梨果肉。或者在切開的果肉上塗抹些檸檬汁，也可減少氧化褐變的情況。

酪梨醬

酪梨醬（Guacamole），也叫鱷梨醬，是中南美洲料理不可缺少的調味醬，也是很常見的蘸料。做法非常簡單，把酪梨果肉弄成泥做為主原料，輔以幾種新鮮的辛香料，加上開胃的檸檬汁與基本調味便成。如果把酪梨與番茄切丁，拌上調料，即為墨西哥餐廳裡常見的「酪梨莎莎」（Avocado Salsa，或稱莎莎醬），又或者在酪梨醬裡混入蝦仁丁，做成鮮蝦酪梨莎莎。只要調味對了，用料豐儉由人，當做麵包裡的夾餡也好，拌煮義大利麵也罷，都開胃得很。

平時在電視機前追球賽，或者三五好友來家同聚，事先買一大包玉米片，花點時間把酪梨醬拌好（不妨讓朋友一起動手做做看），找個大盤子，把酪梨醬和玉米片擺上，在家也能輕鬆享有在酒吧追運動賽事的樂趣。

材料 搭配 150g 左右的玉米片
中型酪梨 1/2 顆（果肉淨重約 150g）
洋蔥 30g（紫洋蔥或一般洋蔥皆可）
香菜 5g
蒜頭 5g
牛番茄 50g

調味料 墨西哥辣椒 1 根左右（新鮮品或醃漬品皆可，依個人喜愛辣度決定用量）
檸檬汁 15c.c.
橄欖油 1/2 小匙
鹽巴少許
黑胡椒粉少許

步驟

❶ 洋蔥去皮後切末，香菜洗淨瀝乾後切末，蒜頭去皮後切成細末或壓成泥，墨西哥辣椒切碎。

❷ 用軟皮蔬果專用削刀削去牛番茄外皮，取果肉切丁。

❸ 對半切開酪梨，取出籽後用湯匙把果肉挖出來，淋上檸檬汁防酪梨氧化變黑。

❹ 混合步驟 ❶-❸ 處理好的食材，並加入剩餘的調味料，攪拌成泥。

美味一點訣

❶ 酪梨醬現拌現吃最好，或者事先把各種材料處理好（酪梨除外），冷藏起來，食用前才切開酪梨，與備好的材料、調味料拌勻。

❷ 外型圓短胖的新鮮墨西哥辣椒（Jalapeño Peppers）在台灣不容易購得，因此可改用類似的辣椒醃漬品，如罐頭裝的 Serrano Peppers。或使用一般剝皮辣椒來代替，亦可直接使用墨西哥辣椒水（Tabasco）。

酪梨巧克喇西

整個夏天熱烘烘，與其冰淇淋一支接一支的吃，不如用當令水果來做簡單甜品或冷飲，來得更健康些。例如正值產季的酪梨，無論是打成泥做開胃菜或蘸醬，或者學印度餐廳的做法，加點優格打成「酪梨喇西」（Avocado Lassi），都是享受酪梨圓熟風味的好選擇。

在印度餐廳用餐，必點的菜色除了烤雞與囊餅，一定少不了一杯濃醇香的喇西！所謂喇西（Lassi），即印度人的優酪飲料，有甜有鹹，鹹的版本通常會放點香料粉（如小茴香）；至於甜的，除了加糖的基本款，也有加入各種水果的版本，任君選擇。

到峇里島觀光，享用餐點時常會點杯加了巧克力醬的酪梨牛奶，香濃順口，十分討喜，若非考慮到熱量，早中晚各一杯也沒問題。這杯酪梨巧克喇西結合了印度與印尼兩種日常飲品的特色，由於減低糖分，入口滑順卻不甜膩，值得試試。

材料　中型酪梨 1/2 顆（果肉淨重約 100g 左右）
　　　鮮奶 120c.c.
　　　原味優格 120g
　　　蜂蜜或糖漿 1 大匙
　　　巧克力醬適量
　　　冰塊適量

步驟

❶ 杯子內緣的下半部先塗抹巧克力醬。

❷ 切開酪梨成半，用湯匙把果肉挖出來，放進果汁機中。

美味一點訣

❶ 酪梨優酪的濃稠度可依個人喜好調整，若想要更加清爽的口感，可全以原味優格代替鮮奶，或增加其他蔬果，如小黃瓜。

❷ 本食譜屬低糖配方，可依個人喜好，加入更多的蜂蜜、糖漿或巧克力醬。

❸ 額外撒點碎堅果混著喝，既添嚼感，又加營養。

❸ 倒入鮮奶與原味優格，攪打均勻。

❹ 把完成的酪梨優酪倒入杯中。

❺ 加入適量冰塊調整濃度。

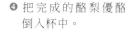

果類 ❸

lotus seed

蓮子二三事

蓮花泡茶、清香宜人；蓮子入菜，養生養神

蓮子，又稱藕實、「脾之果」，台灣產期從五月下旬開始，直至八月底，產地則主要分布於桃園縣、嘉義縣及台南縣等地區，其中又以台南縣白河鎮為大宗。加入 WTO 之後，政府開放越南蓮子進口，因此市面上終年可買到鮮品。

聰明選購　細心存放

選購蓮子時以外觀完整少破損為佳，顏色應為淡淡的米黃色，蒂頭顏色略深。若是漂白過的蓮子，則全顆偏白，甚至可聞出漂白水味。總之，無論新鮮蓮子或者乾燥品，避免購買成色過於雪白者。

鮮品可冷藏三五日，但應盡快烹煮，避免蓮子氧化顏色變深。若想趁台灣產季時備足一年所需，則可冷凍保存。

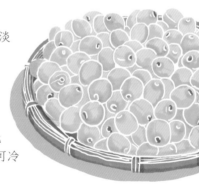

市面上的新鮮蓮子以白蓮子為主，偶見紅蓮子，即尚未去除種皮的蓮子，口感略硬，不如白蓮子香糯。中醫認為味甘性平的蓮子有健脾、潤肺、養神、補氣等功效，故蓮子入菜，多有養生之意，常見有煲蓮子粥、燉銀耳蓮子湯，或在蒸燉冰糖雪梨時放些蓮子等等。雖說新鮮蓮子易煮，但調味的糖必須後放，就像熬紅豆湯，若一開始就放糖，那麼就不易煮軟。至於乾蓮子，洗淨後直接注水烹煮，用清水泡發反而煮不透。

蓮蓉有特殊清香，常做為壽桃與月餅的內餡，然市售品為延長保存期限，常加入超量的糖分與油分，自己炒製才可控制甜度與油量，滿足口腹之欲又減少身體負擔。

炒蓮蓉

材料
新鮮蓮子 500g
白砂糖 180g
無味植物油或鹽奶油 60c.c.
麥芽糖 50g

步驟

❶ 蓮子洗淨後放水漫過，放入電鍋蒸軟（外鍋一杯水）。

❷ 蒸好的蓮子如有多餘的水分，倒掉，趁熱壓成泥，壓的過程注意有無綠色小蓮心，剔除。

❸ 分兩次加白砂糖拌勻。

❹ 分兩次加無味植物油或鹽奶油拌勻。

❺ 分兩次加麥芽糖拌勻。

❻ 放涼後密封冷藏或冷凍保存。

黑糖雙蓮圓

許多人過元宵節多以一碗湯圓帶過，雖說湯圓和元宵的外皮都是糯米粉製成，但兩者做法很不相同呢，湯圓是雙手「搓」出來的，元宵得用篩子慢慢「搖」。至於胃弱不能吃糯米的人，可改用藕粉來做元宵，李時珍在《本草綱目》中對蓮藕讚譽有加，說它「四時可食，令人心歡，可謂靈根矣」。蓮藕煮熟後，去除了寒性，不但補氣養血，還特別適合胃腸虛弱者食用。

藕粉製程繁複，洗去藕身外覆的濕泥後絞碎，以大量清水搓洗出藕粉，再經過沉澱與反覆過濾的工序，將泥狀的藕粉漿分裝入碗風乾，最後再用特製金屬圈一點一點刮下藕粉，徹底日曬乾燥，才能包裝運銷。純藕粉價昂，故許多市售品會混入其他澱粉以壓低售價，選購時需仔細觀察粉粒，顆粒大小不一且有刮痕者為真。

藕粉沖熱糖水便是老一輩的養生點心，小小一碗香甜下肚，帶來日常飲食中的小確幸。至於費工用搖元宵的方式做出市面上買不到的藕粉圓仔，並加碼包入自己炒的蓮蓉餡，則求個吉祥意，「雙蓮」齊下、好運「蓮蓮」。

材料

約可做 8~12 個

蓮蓉餡 120g（做法請參考 p099）
藕粉 1 杯
黑糖漿適量

步驟

❶ 燒開一鍋水，小火保持水溫。

❷ 藕粉平舖在大盤子上備用。

❸ 將蓮蓉餡等分 8~12 個（大小依喜好），
搓圓。

❹ 放蓮蓉圓在藕粉上
滾動，使均勻裹
上一層藕粉。

❺ 分批將裹了藕粉
的圓仔放入漏勺，
緩緩壓入沸水，不攪
動，避免藕粉脫落。

❻ 藕粉呈半透明時離水，瀝水後扣回藕
粉上，再次搖盤使圓仔滾動，濕潤外
皮自然裹住藕粉。

❼ 重複步驟 ❹-❻，直到圓仔體積接近希
望的尺寸。

❽ 最後以滾水煮熟蓮圓仔，浮起時再煮
一分鐘即可撈出瀝水，蘸黑糖漿享用。

美味
一點訣

❶ 如不立即食用，滾完
最後一回藕粉時，將
圓仔在大盤子上攤開
放涼，冷凍定型後才
收進袋子密封，就不
怕彼此擠壓或沾黏。

❷ 煮好的藕粉圓仔除了
蘸黑糖漿食用，也可
加進紅豆湯等甜湯裡
做為配料。

抹茶蓮蓉莓大福

每年冬末春初草莓漸漸進入產季，日本許多點心鋪都會推出以草莓為主角的甜點，其中屬於傳統和菓子的大福（だいふく）更是受到歡迎。最常見的做法是用香甜的紅豆餡裹覆整顆新鮮草莓，外皮則由糯米粉製成，相當於我們常吃的包餡麻糬。由於糯米皮放久或冷藏都將變硬，加上草莓會出水，嚴重影響口感，因此現做現吃最好。記得運用一些小技巧來避免糯米粉團沾黏，製作過程就會很順手，成品將令人充滿成就感。

內餡部分若吃膩了紅豆餡，改用白豆沙或蓮蓉餡也不錯，偷偷放一點抹茶粉去改變原本淡黃色的餡料，這樣切面由外到裡就有白、綠、紅三個顏色，繽紛美麗。至於組合蓮蓉餡與草莓時，故意保留草莓尖端不包滿，則為追求成品外觀呈現白裡透紅的視覺效果，強調粉嫩的春天氣息！

材料 約 4-6 個

糯米粉（或日本「白玉粉」）50g
砂糖 40g
水 75c.c.
鮮奶 25c.c.
太白粉（或日本「片栗粉」）3 大匙
蓮蓉餡 125-150g（做法請參考 p099）
抹茶粉 5g 左右
草莓 4-6 顆（每顆重 10-15g）

預備

❶ 草莓洗淨，去蒂，擦乾。

❷ 微波太白粉使成為熟粉（才可食用）。

❸ 在可加熱容器中抹油（防粉團沾黏）。

美味一點訣

❶ 草莓大小會影響每顆大福的餡料與粉皮之用量。

❷ 步驟 ❷ 蒸大福的外皮時，電鍋開關跳起應立即取出，外皮才不會被餘熱烘乾。

步驟

❶ 將糯米粉、砂糖、水與鮮奶拌勻成團。

❷ 將粉團移入預備 ❸ 的容器，放入電鍋，外鍋放一杯水蒸熟，約 20 分鐘。

❸ 篩抹茶粉到蓮蓉餡中，拌勻後等分（數量與草莓相同）。

❹ 雙手抹油防沾黏，取內餡放手掌心，另一手抓草莓尖，將草莓底部塞入內餡，並將內餡收攏使包覆在草莓上。

❺ 篩 1/3 太白粉到乾淨的烘焙墊或工作檯上，扣入蒸好的粉團。

❻ 再篩 1/3 太白粉於粉團表面，用切板等分（數量與草莓相同）。

❼ 剩下的太白粉抹在手上（防沾黏），取粉團壓扁。

❽ 粉皮中心點對準草莓尖，將粉皮往草莓底部收攏，捏合開口，整形。

果類 ❹

Chestnut

栗子二三事

秋風起的時節,且用中埔鄉的綠寶石
做些點心,為餐桌添幾分秋日風情。

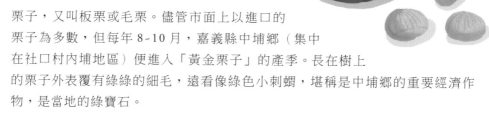

栗子,又叫板栗或毛栗。儘管市面上以進口的
栗子為多數,但每年 8~10 月,嘉義縣中埔鄉(集中
在社口村內埔地區)便進入「黃金栗子」的產季。長在樹上
的栗子外表覆有綠綠的細毛,遠看像綠色小刺蝟,堪稱是中埔鄉的重要經濟作
物,是當地的綠寶石。

聰明選購　細心存放

購買帶殼的栗子時，不但要仔細觀察外觀，更要動手捏捏看，才能挑到好栗子——外殼呈現紅赭色且帶光澤，無皺無蟲蛀，輕輕按壓能感覺飽滿硬實。至於已經去殼的栗子，觀察栗肉無霉點，能聞聞看更好，無酸味才新鮮。如有料理需求，非產季時可在某些食品材料行買到冷凍的半熟栗子。

新鮮栗子含水量高易長霉，即使冷藏也無法久存，趁鮮料理，趁美味享用方為上策。或者蒸熟後放涼，再密封冷凍，放個大半年沒問題。

輕鬆料理　風味升級

帶殼栗子需要先去殼去膜才能料理，把栗子尖端剪出缺口，再用剪刀或小刀伸入缺口，用點力把殼撬開。接著把帶膜的栗子蒸熟或泡到熱水裡一會兒，待溫度稍降不燙手時趕緊脫去緊包著栗子肉的薄膜，若等到栗子放涼，又變得很難剝了。由於去膜後的栗肉開始接觸空氣，顏色逐漸轉褐，料理過程中如有添加醬油之類的深色調味品，栗肉就不需要保持金黃色；但做點心時，如希望成品的顏色不要過於死沉，可在水煮栗子時放幾顆乾燥的山梔子（或稱「山黃梔」，中藥房有零售），利用山梔子天然的黃色素將栗子染成黃色。

栗子好吃，即使簡單糖炒都讓人「一栗接一栗」停不下來。料理上也很多變化，中式菜色有栗子燉雞、栗子燉排骨湯、煮飯入粥、包肉粽等等。日本人和法國人則偏愛糖蜜栗子，日文叫「栗甘露煮」，法文為 marrons glacés，同時著名的甜點「栗子蒙布朗」在兩國都很受歡迎，外型與做法則各有巧妙。

栗子水羊羹

「和菓子」是日本傳統甜點的總稱，種類繁多，依照含水量多寡、外型與內餡等等做為畫分的依據，但無論是哪種類別的和菓子，多有呼應時令或節慶的涵意。小小的和菓子也表現出日本人在工藝上精益求精的精神，就像走進京都製作和菓子的老舖「龜屋良永」，仔細觀賞玻璃櫃中幾款依照季節推出的限定版和菓子，精雕細琢的程度簡直與藝術品無異。

想要在家做和菓子，可以從工序較簡單的開始練習，水羊羹（水ようかん）就是個不錯的開始，比起普通羊羹，水羊羹的含水量多些，因此口感上更為清爽。秋老虎發威時，切一小塊冰涼涼的栗子水羊羹，如絲般的滑順在口中化散，讓栗子的香氣充滿鼻腔，再喝一口冰抹茶或冷泡的玉露，煩躁的心頓時安靜下來，應了那句老話「心靜自然涼」。

栗子凍材料

新鮮栗子 50g（淨肉）
山梔子 2 顆（可在中藥行購得）
寒天粉 2g
砂糖 50g 左右

栗子水羊羹材料

寒天絲 5g
新鮮栗子 200g（淨肉）
和三盆糖（或細砂糖）80-100g
鹽 1/8 小匙
水 200c.c.

步驟

① 煮栗子：栗子 250g 洗淨後注水漫過，放入山梔子與砂糖 50g 一起煮軟（煮好後，水勿倒掉）。

② 取 50g 栗子切碎，剩下的 200g 栗子壓碎後篩成泥，拌入和三盆糖與鹽巴。

③ 製作栗子凍：取步驟 ① 煮完栗子的黃色糖水約 350c.c.，加入寒天粉攪散煮沸（可額外多放砂糖增加甜度），以小火續煮 3 分鐘，倒入模型，撒上步驟 ② 切碎的栗子，靜置半小時後表面已凝固（拿起模具時不會流動）。

④ 製作水羊羹：撕開或剪開寒天絲，加水 200c.c. 煮沸後，改小火，攪拌約 3 分鐘使寒天確實溶解，加入步驟 ② 的栗子泥拌勻，過篩到已凝固的栗子凍上，抓緊模具往桌面輕敲，使栗子泥均勻鋪滿表面，放涼。

⑤ 冷藏兩小時後取出，用抹刀沿著模型畫一圈，倒扣出成品，切塊擺盤，以栗子凍那層為上，表現清涼感。

美味一點訣

① 寒天萃取自海藻，應用在料理上為天然凝固劑，分條狀與粉狀兩種，本食譜示範兩種形狀寒天的用法。寒天液在室溫環境即可凝固，遇到氣溫低的時候，凝固速度更快，應盡快入模。

② 食用時將羊羹切為方塊最常見，也可改用模型壓出特殊造型，增加視覺上的變化。

③ 這個食譜增加了栗子果凍，使原本單純的水羊羹多了視覺上與口感上的變化。

Chestnut
秋之味和菓子

在秋高氣爽的時節前往日本鄉間旅遊，矮矮的民房看起來拙拙美美，有的人家在屋簷下曬了一串串的柿子，仔細一看，屋旁還種有幾棵結實纍纍的柿子樹。信步往林子裡走去，竟發現草地上散落著一團團的綠毛球，抬頭一看，果真是栗子。柿子與栗子交織出的秋日風情，寶島台灣也有，每年八月到十月，嘉義大埔鄉的綠寶石「黃金板栗」正進入產季，而在十月份，新竹北埔的柿農們也開始忙著把剛採收的柿子削皮，放進竹篩裡準備接受陽光與九降風的洗禮，成為滋味絕美的柿乾。

秋日裡做點心，氣溫舒適，心情愉快。窩在小廚房裡，使用當令在地的農產品，做出樸素卻耐人尋味的時令甜點，既享受製作點心的樂趣，又滿足愛吃甜食的胃，對於台灣農業更是最實際的支持。

栗子泥材料

製作栗子泥（100g）

去殼去膜後的新鮮栗子 100g

和三盆糖或砂糖 20g

鹽 1 小撮（少於 1/8 小匙）

和菓子材料

製作 4 個秋之味和菓子

栗子泥 100g

柿乾 1 個

抹茶粉 2 小匙

美味一點訣

❶ 栗子肉接觸空氣後會慢慢轉成淡褐色，為自然現象，並不影響風味。若希望保持黃色，煮栗子時可加點幾顆山梔子（中藥行有零售）。

❷ 和三盆糖的顆粒很細，然因台灣潮濕，容易使之結塊，料理前應先過篩。

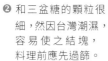

❸ 可剪一小塊少棉絮的薄棉布作為製作和菓子的專用布巾，使用前注水漫過布巾，煮沸殺菌，擰乾水分再使用。清潔時用清水大致洗去殘留在布巾上的栗子泥，再放點小蘇打與清水煮開，即可恢復潔白，曬乾後收妥。

❹ 細緻淡雅的和菓子，搭配抹茶最適宜，如不習慣抹茶的苦韻，可改用玉露或一般煎茶。

步驟

❶ 製作栗子泥：栗子洗淨後注水漫過，加鍋蓋以中火煮開，改小火煮 10 分鐘，熄火燜 10 分鐘，再煮 10 分鐘。用牙籤刺入栗子中心，若能順利刺過即煮透，若不能，續燜 10 分鐘應足夠。取出栗子切碎或壓碎，過篩，得栗子泥。加入和三盆糖與鹽拌勻，將栗子泥分成四等份。

❷ 柿乾剪為四等份，撒上抹茶粉。

❸ 將布巾攤在手掌上，取一份栗子泥放掌心，壓扁栗子泥後放上一塊柿乾。

❹ 收攏布巾讓栗子泥包住柿乾，扭轉布巾，使絞扭產生的紋路印在栗子泥表面。

❺ 小心打開布巾，取出成品擺盤。若不小心破壞了壓紋，重新放入布巾，再次扭出印紋即可。

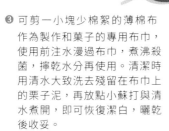

栗香咕咕霍夫

咕咕霍夫，又稱咕咕洛夫（Kouglof），是歐洲人，特別是法、奧、德三國，歡度聖誕節時必備的節慶糕點，口感介於麵包與蛋糕之間，因外型像頂帽子，又叫僧帽麵包。由於製作時添加了許多酒漬水果乾與相當分量的奶油，酒香、果香與奶香彼此襯托，使得這款聖誕麵包嚐起來特別濃郁芳香。

不過……誰說只能在聖誕節吃咕咕霍夫呢？誰說咕咕霍夫烤模只能用來烤麵包呢？不想花時間等麵糰發酵，就直接用常溫奶油蛋糕食譜來製作吧。尤其在栗子的產季，做些栗子泥混入蛋糕糊，烤個秋日限定版的咕咕霍夫蛋糕如何？從烤箱取出充滿栗子香的咕咕霍夫時，真心覺得……秋高氣爽的每一天都值得慶祝啊！

材料　使用直徑約 15cm 的咕咕霍夫蛋糕模，以下分量可做兩個

新鮮栗子 150g
無鹽奶油 150g
細砂糖 150g
雞蛋 4 顆
低筋麵粉 200g
泡打粉 2 小匙約 6g

預備

❶ 煮栗子：栗子洗淨後注水漫過煮軟，取 30g 的栗子切碎，其餘壓成泥後過篩備用。

❷ 奶油放室溫環境軟化。

❸ 刷子在蛋糕模內側塗抹上一層薄薄的奶油，灑點麵粉以防止蛋糕烤好後沾黏在烤模裡，如使用不沾塗層的烤模，則可省略此動作。

❹ 打散蛋汁。

❺ 混合泡打粉與低筋麵粉並過篩，使粉粒細緻易拌合。

美味一點訣

❶ 步驟 ❻，烘烤前先敲敲蛋糕糊，可使蛋糕糊中的空氣排出，烤好的蛋糕體才不會有太大的孔洞。

❷ 可用其他模具來烤這款蛋糕，只是要微調烘烤時間。

步驟

❶ 用電動攪拌器打散奶油至呈現霜狀，分三次加入細砂糖打勻。

❷ 分三次加入蛋汁打勻。

❸ 加入栗子泥，用橡皮刮刀拌勻。

（預熱烤箱：170℃，10 分鐘）

❹ 分三次加入篩過的粉類，用橡皮刮刀把蛋糕糊徹底拌勻。

❺ 模型底部撒上「預備❶」切碎的栗子。

❻ 將蛋糕糊倒入烤模，雙手抓穩烤模，往桌面或地板輕敲幾下，會有小氣泡浮出、破掉。

❼ 將蛋糕糊送進預熱好的烤箱，先設定烘烤40分鐘，時間到時取出，用探針或竹籤刺穿蛋糕中央位置，取出後如無生蛋糕糊沾黏，表示已烤熟，小心扣出蛋糕，置於烤架上放涼，可直接食用，冷藏後品嚐風味更佳。（若竹籤上有生蛋糕糊沾黏，加烤 5-10 分鐘。）

栗子蒙布朗

栗子蒙布朗（Mont Blanc）又叫法式栗子蛋糕，是一款以栗子為主要調味，做出型似白朗峰的鮮奶油蛋糕。雖起源於法國，但喜歡洋食的日本人也把這款蛋糕做得相當精美，兩個國家的版本略有差異——外型上，法式蒙布朗的栗子奶油呈現出栗子本身的淡褐色，象徵進入秋季時的白朗峰褪去綠衣，但日式蒙布朗卻是金黃閃耀。另外，法式蒙布朗的底層是蛋白餅，日式蒙布朗則用蛋糕，至於台灣甜點店則常混用法日兩國的做法，甚至把內層的蛋糕事先浸過水果酒以增加香氣。

無論何種做法，只要掌握幾個原則就能做出美味的蒙布朗，首先是栗子味要突顯，不能為了增加其他風味而掩去主角的味道，同時盡可能使用蒙布朗專用的擠花嘴，才方便打造這款甜點的經典外型。若想裝飾出經年覆雪的山頂，可用篩糖粉的方式處理，或者在打發好鮮奶油時，預留適量的鮮奶油來填滿頂部，另外也可撒些珍珠糖暗喻白雪紛飛的景象。至於有些版本撒上金箔，除了提升甜點的高貴感，或許也暗示著白朗峰頂陽光閃耀。

材料
原味栗子泥 100g（做法請參考「秋之味和菓子」，p109，步驟 ❶）
糖煮栗子 4 顆（做法請參考「栗子水羊羹」，p107，步驟 ❶）
栗香小蛋糕 4 個（蛋糕糊做法請參考「栗香咕咕霍夫」，p111，將蛋糕糊分裝到小烤杯中再烘烤）
鮮奶油 150g · 砂糖 15g+25g · 無鹽奶油 20g
蘭姆酒或水果白蘭地 1 小匙 · 裝飾用珍珠糖 2 小匙（可省略或改用細糖粉）

步驟
❶ 以「隔冰」方式打發鮮奶油與砂糖 15g，至鮮奶油被拉起後呈現小尖角，預先取出 2 大匙鮮奶油備用（最後裝飾）。

❷ 栗子泥先與砂糖 25g 拌勻，再加入放軟的無鹽奶油以及水果酒，徹底拌勻。

❸ 將步驟 ❶ 與步驟 ❷ 的半成品拌勻，放入擠花袋中（預先裝好蒙布朗專用擠花嘴）。

❹ 沿著小蛋糕，擠出栗子鮮奶油，包覆住整個蛋糕，頂端留白。

❺ 取將步驟 ❶ 預先取出的鮮奶油，抹在栗子蛋糕頂端，放上糖煮栗子，撒上珍珠糖或篩上細糖粉即完成。

美味一點訣

❶ 擠花袋與擠花嘴的使用方式：將擠花嘴塞入三角型的擠花袋缺口處，填入栗子鮮奶油，扭轉大開口防止鮮奶油跑出來。單手抓好擠花袋，用力把鮮奶油擠出，剛開始練習時可用另一隻手托著抓擠花袋的手腕幫助穩定角度。裝了擠花嘴之後，由於開口變小，如使用一般塑膠袋恐怕強度不夠，擠花過程可能會撐破袋子，因此仍建議使用專用擠花袋。

❷ 日式的栗子蒙布朗的栗子泥通常保持鮮黃色，因此可在水煮栗子時放一些乾燥的山梔子（或稱「山黃梔」，中藥房有零售），利用山梔子天然的黃色素將栗子染成黃色。

❸ 趁著產季，多做些栗子泥分裝冷凍保存，想做蒙布朗時，拿一份出來退冰，打發適量鮮奶油與之混和，沒時間烤蛋糕或蛋白餅，去超商或麵包店買些杯子蛋糕回來加工，再方便不過。

Chapter 4

豆

類

豆類 *1*
Soybean

豆腐二三事

一白二淨，淡雅雋美

把浸泡在水中數小時的黃豆加水打成漿，過濾出
豆渣後，取濃豆漿煮沸（大灶柴燒最好），兌
入鹽鹵或石膏，待成凝乳狀，倒入鋪了棉
布的木箱或竹簍，覆布後重壓去水並
定型，即為傳統豆腐（亦稱板豆
腐）。至於嫩豆腐，則省去壓
重物的步驟或改為輕壓的方式
來處理，以求豆腐保有較多的水
分。大致來說，含水量在 85% 以下的豆
腐稱為板豆腐、北豆腐或木棉豆腐；含水量超
過 85% 者則叫嫩豆腐、南豆腐或絹漉豆腐（或簡稱絹
豆腐）。

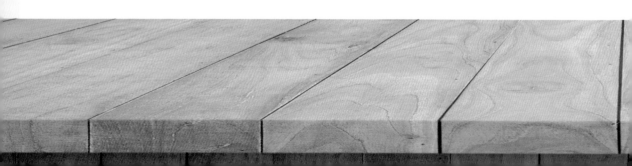

聰明選購　細心存放

選購豆腐時若能買到非基改黃豆的製品自然最好，尤其近年來農委會輔導農民生產非基改的優質大豆，現採現賣，新鮮度非進口大豆可比擬，有機會應該盡量支持本地農產品。若上傳統市場採買，盡可能早點去，購買清晨剛做好的豆腐最理想（豆腐可能還溫熱呢），以避免長時間曝露在開放環境中，容易造成酸敗。買回的散裝豆腐浸入鹽水，密封冷藏至少可保存三天。

輕鬆料理　風味升級

能輕易在一般通路上買到形形色色的豆腐真是料理人的福音，盒裝豆腐方便衛生，但若獨愛傳統市場裡的手工豆腐，記得買回後最好先以沸水略煮，一來除塵二來殺菌，涼拌食用才安心。豆腐壓擠成泥之後，可塑性更強，素食者可將之取代絞肉做成料理、炸丸子、炸可樂餅、甚至漢堡排等等。或者簡單涼拌，調製點特色醬料，今日南洋風、明天東洋風，葷素皆宜，變化無窮，美味無限。

花蓮羅山有機村泥的火山豆腐遠近馳名，前往旅遊時不妨報名參加農家活動，親自體驗製作火山豆腐的樂趣。

鴨兒芹拌豆腐泥

全世界應該就屬中國人和日本人最喜歡吃豆腐，且食用豆腐的時間都在千年上下。明朝的醫藥學家李時珍在《本草綱目》中記載：「豆腐之法，始於漢淮南王劉安」，即使沒有其他實證能交叉確認這個說法，但至少可確定豆腐是早在明朝之前，便已出現在中國人的飲食當中。另外據古籍記載，十一、二世紀時，日本已經有將豆腐當作祭祀用供品的紀錄。

中日兩國雖然都熱愛豆腐，但料理方式上卻各異其趣。中國人花樣多，光是豆腐加工食品的種類就令人目不暇給，加上各種烹飪方式，若想把成千上百的豆腐料理收成專書，恐怕得發行好幾冊。相形之下日本人享用豆腐的方式就簡約多了，以家常料理為例，把豆腐搗成泥，拌點事先用鹽水氽過或淺漬過的蔬果就是一碟開胃菜；或做成炸丸子（飛龍頭），做為味噌湯的煮料也很常見。至於京都著名的湯豆腐料理，即清湯烹豆腐，講求一白二淨，好令食客能靜心體會豆腐本身的淡雅雋美。

寶島夏日長，三不五時弄碟素簡的涼拌豆腐，中式也好，和風也罷，再舒心不過。

材料
板豆腐 200g
鴨兒芹（山芹菜）50g
芝麻粒 1 大匙

調味料
和風醬油 2 小匙
味醂（みりん）1 小匙
鹽 1/4 小匙

步驟

❶ 燒開半鍋水，快速汆過山芹菜，攤在大盤子上降溫後擠乾，切碎備用。

❷ 續汆板豆腐（殺菌並降豆腥氣），將豆腐包入薄棉布，扭擠出水分。

❸ 研磨芝麻粒以逼出香氣，並使口感細緻。

❹ 將芝麻碎、山芹菜、豆腐泥與所有調味料拌勻，冷藏後食用。

美味一點訣

❶ 從市場上買來的新鮮豆腐若沒有立刻料理，浸入加了少許鹽的冷開水，密封冷藏可延長保存期。

❷ 主角板豆腐可改用芝麻豆腐、黑豆豆腐之外，蔬菜也可依時節更換，如冬春之際可以春菊（山茼蒿）或菠菜取代，夏秋則可用香椿。

豆泥煎餅

印象中煮豆漿是件苦活兒，黃豆淘淨後浸水數小時（夏天還得放冰箱，不然很容易餿掉），加水放入果汁機打碎，再一勺一勺舀進濾網過濾出豆漿，接著還得全神貫注地守在火爐旁，緊盯著那層薄薄豆皮底下蠢蠢欲動的豆漿，隨時控制爐火大小，否則一不留神讓豆漿「撲」鍋，平白糟蹋了滴滴皆辛苦的豆漿不說，那受過豆漿洗禮的爐台爐頭，清理起來可得花上好一番工夫。不過這樣「罰站」煮出來的原汁豆漿，充滿濃醇香與愛心的滋味，實在不是市售瓶裝豆漿能夠比擬的。

所幸過去幾年有豆漿機問世，現代煮婦在家做豆漿總算可以輕鬆些，只是每次濾完豆漿剩的泥狀豆渣丟棄了好可惜，有空檔時炒成素香鬆是一解，沒那個「美國時間」的時候，把豆渣與鹽巴、麵粉、雞蛋和蔥花和一和，煎成豆渣餅當作小點心也不錯。如果希望增加煎餅的潤口度與風味，可混入少許絞肉與咖哩粉，美味度會大大提升呢，尤其剛起鍋的豆泥煎餅既酥且香，不拆穿的話，根本沒人知道是用黃豆渣做成的哪。

材料
豆渣 200g
（細）絞肉 50g
青蔥 1 根約 15g
薑 1 小段約 10g
蛋 1 顆
＊如希望成品更加酥脆或煎製時不易散開，可額外加入麵粉或地瓜粉。

調味料
印度咖哩粉 1/2 小匙
鹽巴 1/4 小匙

步驟

❶ 青蔥洗淨後切成蔥花，薑刷洗乾淨後磨成泥，取一小匙備用。

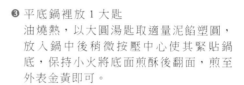

❷ 絞肉放入深碗，連同其他材料與調味料和勻成泥。

❸ 平底鍋裡放 1 大匙油燒熱，以大圓湯匙取適量泥餡塑圓，放入鍋中後稍微按壓中心使其緊貼鍋底，保持小火將底面煎酥後翻面，煎至外表金黃即可。

美味
一點訣

❶ 青蔥可改韭菜或洋蔥，另可加入胡蘿蔔和玉米粒增加煎餅甜味。

❷ 適當的調味可降低豆腥氣，如不喜咖哩，可改放柴魚粉或海苔粉。

豆 類 ❷ mung bean 綠豆二三事

濟世良穀，盛夏裡的一抹清涼意

綠豆素有清熱解暑之效，因此許多家庭在夏天裡常用它來做甜湯，總是喝完一鍋再煮一鍋，直到南風漸歇。《本草綱目》作者李時珍讚綠豆為「濟世良穀」，肝火旺盛時，文火燒開一鍋綠豆湯，單取上層清澈的湯水飲用，頗解火氣。換言之，夏天多吃綠豆就對了，喝綠豆湯也好，吃綠豆仁做的點心更棒，不怕屋外「日頭赤艷艷」！

聰明選購　細心存放

台灣種植綠豆的區域以嘉南平原為主（品種多為「粉綠豆」，或稱「毛綠」），可惜因生產成本過高，目前多依賴東南亞進口，即市面上普遍能買到的「油綠豆」。如同其他豆類，綠豆仁在傳統雜貨店或雜糧行就能購得，挑選時注意豆仁的完整度。只要不受潮，室溫存放時間很長，適合家庭常備。

輕鬆料理　風味升級

到墾丁或台東旅遊時，有機會嚐嚐冰店裡販賣的「綠豆蒜」，冰熱皆有。所謂「綠豆蒜」，並非把綠豆和蒜頭煮在一起，而是用去殼後的綠豆仁來做甜湯。由於綠豆仁呈淡黃色，乍看像蒜仁，因而得名。若將綠豆仁煮熟拌糖弄成泥，即為綠豆沙，是許多中式糕餅的基本內餡之一。由於綠豆仁扁而小，很容易煮透，無需事先浸泡，相當省時。加上價格不貴，常常用來做點心也不傷荷包。一次多做點綠豆沙餡，分裝冷凍，隨時取用，非常方便。

偽豌豆黃

「豌豆黃」為著名北京小吃，與「小窩頭」一般，都是由民間傳入皇宮，經由御廚巧手，市井粗食得以變身宮廷細點，於是乎窩窩頭成了小窩頭，粗豌豆黃也變為細豌豆黃。在台灣要吃豌豆黃，得往老一點的中式茶館或點心坊找去；若想自己學著做，建議先從「偽豌豆黃」練習起，即以綠豆仁代替豌豆製作。因為豌豆仁不容易煮透，泡水之餘尚得加鹼，熬煮耗時；而綠豆仁恰恰好相反，淘洗後放水就能煮透（甚至丟電鍋裡一蒸便成），從健康層面來說，綠豆消暑，更適合夏季漫長的南方。

有機會在家裡舉辦午茶聚會，不妨試著做點「偽豌豆黃」來招待好友吧。毋需烤箱、也不用攪拌器，步驟簡單明瞭；雖然用的不是甚麼高檔食材，然粗食細作，成品又綿又沙，入口即化，僅留一絲豆香與甜意在舌尖，清雅精緻，尤其把豆泥一點一點過篩的工夫充滿待客的熱忱，彌足珍貴。

材料　去殼綠豆仁 1 杯約 200g
　　　清水 2 杯 480c.c.

調味料　細砂糖 100g

步驟

❶ 淘洗綠豆仁後，注水漫過，放瓦斯爐上煮透，或放入電鍋蒸（外鍋 1 杯水）。

❷ 趁熱拌糖。

❸ 過篩，即為綠豆沙餡。

❹ 重新放回爐上，以文火翻炒，直至從鏟子上滑入鍋中的豆沙，會先堆積成小丘，再慢慢與鍋底其他豆沙融合。

❺ 將豆沙倒入耐熱的方型模具，抹平豆沙表面，覆上一層烘焙紙（保溼），放涼後收冷藏 2 小時。

❻ 掀開烘焙紙，以小刀沿著模具內側邊緣劃一圈，小心取出凝固的豆沙，切塊食用。

美味一點訣

❶ 綠豆沙過篩才能使成品達到「入口即化」的程度，也就是所謂的宮廷版「細豌豆黃」，而非市井版的「粗豌豆黃」。

❷ 炒豆沙時需專注，因為火候不夠，豆沙太稀無法凝固；炒過頭了，豆沙凝固後容易乾裂，有損美觀與口感。

❸ 為了省去拌炒的工夫，部分店家取巧放洋菜做為凝固劑，儘管外觀並無二致，然入口便知高下，混放洋菜的豌豆黃，口感類似羊羹，與豌豆黃在口感上要求「既沙且綿」的境界是兩回事。

❹ 有了可口茶食，還得有相得益彰的好茶，綠豆黃／豌豆黃搭配清香淡口的茶種最適宜。

水饅頭

日式傳統甜點多依節慶或四季而設計，細數這些應時應景的點心，春有大福與櫻餅（做法請參考「抹茶蓮蓉莓大福」，p103 及「關西櫻餅」，p141）、夏有柏餅與水饅頭、秋有月見糰子與栗饅頭、冬天則是椿餅。即使不自己動手做，時間一到，這些「季節限定」的點心便會出現在市集或點心舖子裡，提醒人們時令更迭。

京都錦市場是所有觀光客都要前往朝聖之處，如同台北，京都亦為盆地地形，夏季時特別悶熱難耐，因此錦市場裡販售「水饅頭」（水まんじゅう）的店家總是門庭若市，遊客初見那沉浮在冰水裡的晶透小團子，新奇得很，顧不得價錢，既來之，則嚐之。透明的葛粉外皮滑溜順口，內餡則是綿細豆沙，清爽不膩，加上過冰水的降溫程序，果然是盛暑裡的「沁心小品」。

台灣其實也有水饅頭，不在高檔賣店，平日逛的夜市就能覓得，只不過我們管它叫「涼沙圓」。日本的「水饅頭」是以葛粉調水為漿製作，且借用模具做成小饅頭的外型；台灣的「涼沙圓」則以太白粉調成漿，且只用竹籤挑起豆沙球浸入粉漿，使粉漿自然裹覆在餡球上，形成一層薄薄的圓形透明膜，之後蒸透再冰涼。相較之下，「水饅頭」製作難度比起「涼沙圓」略低，因此不妨先練習做「水饅頭」，再挑戰「涼沙圓」。另外，由於質純的葛粉價格高，可用太白粉代替。

材料　綠豆沙餡 100g（做法請參考「偽豌豆黃」，p125）
葛粉或太白粉 100g
清水 200c.c. 左右
鹽漬櫻花適量（裝飾用，可省）

步驟

❶ 將綠豆沙餡分成 10 等份，搓圓為球，略略壓扁。

❷ 如有使用鹽漬櫻花，先以清水泡發，洗去鹽分，瀝乾。

❸ 用一半的清水把葛粉調稀，再加入另一半的清水，一起煮成略稠的粉漿。

❹ 倒一半的粉漿到模具裡，如有使用鹽漬櫻花，每個單位鋪上一朵。

❺ 放入豆沙餡，淋上粉漿，填滿模具。

❻ （燒開半鍋水，放蒸架）把模具放上蒸架，大火蒸煮 3 分鐘左右即可。

❼ 稍涼後脫膜，浸入冰塊水中降溫，撈出即可食用。

美味一點訣

❶ 內餡可依照個人喜好變化，改用紅豆沙，或是綠豆沙加些抹茶粉調成抹茶口味等等；更可混合兩種內餡，使視覺與滋味更多變化。

❷ 豆沙餡可大量製作，密封後冷凍，隨時取用，無減風味，但冷藏會使水饅頭或涼沙圓的外皮從軟軟Q Q變得硬硬木木，因此最好吃多少做多少，才能享受最佳口感。

豆類 ❸

Azuki bean

紅豆二三事

如果世上沒有紅豆，甜點拼圖將少一大塊精采。

紅豆，又稱赤豆、小豆或赤小豆。我國因為加入 WTO，必須開放紅豆進口，但目前市面上的紅豆仍以國產為主。台灣的紅豆產地主要集中在南部的屏東與高雄，尤其是遠近馳名的萬丹紅豆，佔有全台年產量七成之多。紅豆產季在 12 月到隔年 1 月，只要能買到新產紅豆，不但容易煮熟，口感也特別鬆軟。近年來高雄農改場積極研發出新品種，如：高雄 8 號暱稱為「紅蜜」、高雄 9 號為「紅寶」，以及高雄 10 號為「紅玉」，皆是以「豆大色美」為育種目標，喜歡紅豆的人真是有口福。

聰明選購

細心存放

選購紅豆時從顏色上即可判別紅豆新鮮度，新鮮的紅豆皮色較淺亮，舊豆的紅色則偏沉，且因水分喪失使外觀略有皺紋。

存放紅豆很簡單，在室溫環境下保持乾燥即可。然而紅豆放得愈久，水分喪失得愈多，不但影響口感，煮起來也費火費時，還是趁鮮品嚐為上。

輕鬆料理

風味升級

煮紅豆之前需先挑去壞豆與小砂粒、碎掉的豆筴等雜質，並仔細搓洗，再依照紅豆的新鮮度決定浸泡於清水的時間，如不喜歡豆澀味或沒有時間浸泡，可先將紅豆加水煮沸一次，瀝去澀水後再重新注水煮透。切記，砂糖一定得等紅豆煮到夠鬆軟的程度才加進去，如一開始就放糖，紅豆就再也煮不透了。

從最簡單的甜湯，到加工成餡料，紅豆的用途真的很廣，尤其是製作甜點不可或缺的重要原料之一，只是為了延長保存期限與增加口感的滑順綿密，加工時通常會加入過多的糖分與油分。為健康著想，不妨利用每次烹煮紅豆湯的機會，順便做一些蜜紅豆或紅豆沙（烏豆沙），雖然多費一些工夫，但對身體較無負擔，而且因為多放了紅豆，煮出來的紅豆湯特別香濃呢。

紅豆湯（4 人份）

材料
紅豆 1.5 杯（240c.c. 的標準量杯）約 300g
清水 7 杯約 1,700c.c.
二砂（黃砂糖）120g
鹽巴 1 小撮（比 1/8 小匙還少）

步驟

❶ 挑去壞豆，洗淨後放清水 200c.c.（漫過豆子）燒開，倒去熱水，重新洗過紅豆，瀝乾後重新注入清水約 1,500c.c.，放電鍋裡蒸上（外鍋放 1.5 杯水）。

❷ 約 40 分鐘開關跳起，續燜半小時，試吃以確定是否煮透（可使用電鍋保溫功能將紅豆燜到喜歡的鬆軟度）。

❸ 取出整鍋紅豆湯，瀝取 250g 的紅豆做蜜紅豆或紅豆沙之用。

❹ 剩下的紅豆湯，趁熱調入二號砂糖約 120g（自行調整甜度），就完成香濃紅豆湯，如果烤塊麻糬擱上，即為日式紅豆湯。

日式紅豆湯

蜜紅豆 / 紅豆泥（220g）

材
料
煮好的紅豆 250g
二號砂糖 60g（可部分改為黑糖，
更香）

注意：若想保持顆粒完
整，炒糖時需動
作輕巧，則可得
粒粒分明的蜜紅
豆；若要製作紅
豆泥，則炒糖
時，一邊用鏟子
或刮刀壓破紅
豆，擠出豆泥。

步
驟
❶ 瀝出煮好的紅豆，連同砂糖放入鍋中，
文火慢炒，紅豆會出水，可以把這些
湯水倒回原先大鍋的紅豆湯中，這樣
可節省一些炒製的時間，通常前後約
十到十五分鐘就能炒好。

❷ 等水分揮發得差不多了，試試甜度，
空口吃應該要略甜才好，甜度太低的
紅豆吃起來不香。

❸ 可直接使用，或放涼後密封冷藏、冷
凍保存。

紅豆沙（200g）

材
料
煮好的紅豆 250g
二號砂糖 50g
無味植物油或無鹽奶油 10g
麥芽糖 25g

步
驟
❶ 瀝出煮好的紅豆，過篩以
去掉豆殼，僅留細綿豆沙。

❷ 取豆沙與砂糖放入鍋中，文火慢
炒，使豆沙水分減少。

❸ 加入無味植物油或無鹽奶油拌勻。

❹ 加入麥芽糖拌勻。

紅豆酒釀薄餅

Azuki bean

說起酒釀餅，許多台北人應該都會想到重慶南路一段郵局門外，有個專賣「京滬酒釀餅」的小攤車，讓書街不時飄散著酒釀香，而且這一香就是五十個年頭。等公車的時候買一塊，站在騎樓下就這麼一小口一小口撕著吃，慢慢嚼出酒釀的香與餡子的甜，嚼出簡樸點心的趣味。

手工製作的酒釀餅，無論包不包餡，包哪種餡，酒釀香氣才是品嚐重點，能自己做酒釀最好，怕掌握不了發酵成敗也無妨，上傳統市場或超市買瓶現成的酒釀就得了；至於老麵，若素日裡沒有做麵食的習慣，直接省略也沒關係，只要按部就班地來炒餡、揉麵、醒麵、烙烤，做出來的餅子就有模有樣、八九不離十了。

材
料

酒釀 150g

砂糖 1 小匙約 5g

溫水 50c.c. 左右

中筋麵粉 250g

蜜紅豆泥或紅豆沙 250g

（做法請參考 p131）

美味
一點訣

❶ 酒釀是糯米蒸熟後拌入酒麴，
發酵而成。有滋補效果，因此
常用來做酒釀蛋或酒釀湯圓。

❷ 酒釀餅耐吃，即使冷了也可
口，只是若按傳統方式把它做
的厚厚實實，火候與時間一
沒拿捏好，就會把酒釀餅烤得
像石頭般咬不動，要是改成薄
餅，平底鍋烙熟就能吃，復熱
也容易些。

❸ 「烙」是一種加熱方式，基本
上不用油或者刷上極少的油，
用燒熱的鍋面來乾煎麵餅，使
麵糰的水分揮發，外皮酥脆。

步
驟

❶ 砂糖用溫水溶解，倒入酒釀拌勻，再
一起拌入麵粉。

❷ 把麵團揉成光面，蓋上濕布，發酵 1
小時，麵糰會膨大為 1.5 倍。

❸ 雙手打點麵粉，大致揉幾下麵糰，將
麵糰切為 4~5 小團，揉圓後擀開。

❹ 麵皮中央放紅豆餡，收口、搓圓、壓
扁，輕輕用擀麵棍擀成薄餅，小心勿
把餅皮擀破。

❺ 平底鍋裡刷上一層薄油，保持中偏小
的火力，把餅的兩面烙酥即可。

驢打滾

旅遊時，無論口味合否，都要盡可能嘗試當地著名小吃才好，例如到了北京，沒嚐過「驢打滾」，便算不上到此一遊。「驢打滾」的原名「豆麵糕」、「豆麵捲」（大陸上，「麵」為「粉」之意），之所以被暱稱為「驢打滾」，主要在形容這款點心的外型，活像小毛驢在泥地裡打滾，弄得滿身黃砂土。

在北京，餐館也好，市集也罷，老見得著賣「驢打滾」的，尤其市集裡的老闆，眼神盯著往來遊客，嘴裡不忘吆喝「來吃驢打滾兒」，手裡更沒閒著，掄起菜刀便豪邁切下，哎哎，總是切得太大塊，一口吃不了，咬開吃又蘸得滿嘴黃豆粉，不留神還給嗆了噎了，著實尷尬。享用這道京味小吃實在應該「文明點兒」，切小塊，一口一塊，一塊一口，最好搭杯清茶，氣定神閒地體會麻糬的軟糯、黃豆粉的素香以及紅豆沙的綿甜。

材
料

糯米粉 120g

冷水（可飲用）100g

植物油少許（無味）

黃豆粉（熟）20g

紅豆沙 120g（做法請參考 p131）

塑膠袋 2 個

步
驟

❶ 糯米粉與水拌勻，再拌點油，蒸熟後稍微放涼，把糯米糰放進抹了油的塑膠袋裡，用力揉開，再以擀麵棍擀成餅狀。

❷ 把紅豆沙裝入抹了油的塑膠袋中，以擀麵棍擀成比糯米餅小一點的餅狀。

❸ 分別剪開糯米餅與紅豆沙餅的塑膠袋，先在糯米餅上篩 2/3 的黃豆粉，再壓上紅豆沙餅。

❹ 揭去紅豆沙的塑膠袋，利用糯米餅底部的塑膠袋來滾壓，使糯米餅包著黃豆粉與紅豆沙，密密成捲（像包壽司捲）。

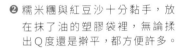

美味
一點訣

❶ 除了用糯米粉調製麻糬，亦可取巧上傳統菜場向販售手工麻糬的小攤，買一小包蒸好的現成白麻糬來做，省時不少。或者願意從打米漿做起，就把掏洗好的圓糯米泡水一晚，加水打成濃米漿，濾水後蒸熟再搗出黏性即可。

❷ 糯米糰與紅豆沙十分黏手，放在抹了油的塑膠袋裡，無論揉出 Q 度還是擀平，都方便許多。

❸ 驢打滾與一般裹著花生粉的麻糬有異曲同工之妙，如改用花生粉代替黃豆粉，又添幾分香氣。

❹ 有些店家供應的驢打滾還澆了黑糖蜜或桂花釀，活像小毛驢掉進泥坑裡的模樣，形狀有趣之餘，風味上也多些變化。

❺ 撒上剩下的黃豆粉，切成適口大小。

琥珀冰粽

端午節前兩個月，各大飯店超市超商莫不祭出預購粽子的活動，印製精美的目錄彷彿是《粽子大全》或《粽子全覽》，有醬香十足的湖州粽、甜香迷人的豆沙粽，還有用料豐富的台式鹹粽（尚分北部粽、南部粽）、軟Q鹹香的客家粄粽、甜鹹合一的潮州粽、素簡耐吃的菜粽（素粽）以及各式創意粽……琳瑯滿目、應有盡有。

「粽海」之中，有種個頭小小的叫做「鹼粽」，或稱「粳粽」（閩南語），深綠色的粽葉裡包著黃色的糯米粽，冰透再蘸砂糖吃，十分消暑，是老一輩閩南人與客家人所喜愛的甜粽。只可惜市售鹼粽多有股嗆鼻的鹼味，想解饞只有勤快點自己包，一來能減少鹼的用量，二來順便包點紅豆餡讓鹼粽的滋味更豐富，而且打開粽葉後有意外的驚喜，原來因為包了紅豆餡的緣故，水煮過程中紅豆的顏色被糯米吸收，粽米成了琥珀色，非常美麗。

預備

❶ 備餡：紅豆泥或紅豆沙的做法請參考 p131。

❷ 處理糯米：圓糯米淘洗三五次之後以兩倍清水浸泡 3 小時，瀝乾，加入鹼油拌勻。白米將變成淡黃色，且帶黏性。

❸ 清洗粽葉、草繩：剪去粽葉的蒂頭，連同草繩以滾水煮沸至軟化，再以軟布輕輕刷洗粽葉（別刷破），瀝乾。

❹ 燒一大鍋水：如果只包 20 來顆，開始包粽子之前可先用中小火燒上一大鍋水（水量約鍋深七分），等水燒開的空檔差不多能包好所有粽子。

材料

20 顆迷你粳粽

粽葉片 20-25 片
草繩或棉繩 20 條
圓糯米 500g
紅豆泥或紅豆沙 350g 左右
鹼油（粳粽油）22c.c.

美味
一點訣

❶ 基本上一個粽子一片就夠，但買來的乾粽葉難免有破損，多準備一些比較好，用剩的粽葉拿來做粉蒸肉，一點也不浪費。若粽葉的中心點附近有破洞，可留著蒸肉用或再取一葉襯底，煮粽子的時候才不會露餡。

❷ 由於鹼粽不含油脂，煮粽子的水要放些油，煮好了才容易剝開粽葉，保持粽子外型的完整。

❸ 煮粽子的過程中，水分會不停散失，因此同時間需另外燒一小鍋水，隨時加到粽鍋裡補充。

❹ 鹼油無色，像水不像油，可在傳統市場周邊的雜貨店購得，另可使用鹼粉。剛煮好的粳粽鹼味較濃，但冷藏一天後，鹼味會退去大半。

步驟

❶ 取一片粽葉，折出漏斗狀。（後面的葉子應該比前面的葉子略長）

❷ 舀一匙糯米鋪底，不要刻意去壓米，保持鬆鬆的。

❸ 放紅豆泥（沙），勿壓實，以免造成米粒嵌入豆泥，煮不透。

❹ 再放半大匙糯米覆上，重點仍是：別壓米。

❺ 蓋上粽葉，切記不要包緊，務必預留空間讓糯米長大（粳粽需要的空間比其他粽子大很多）。

❻ 折出粽型，用繩子捆好，鬆鬆的不會掉就可以。（重複以上步驟，直到包完所有粽子就可以）

❼ 把粽串放入煮沸的水中（放一大匙沙拉油），水面要能漫過粽子。上鍋蓋，以中大火煮滾。

❽ （設定定時器）煮滾後續煮兩小時，拆開一枚試吃，看看是否需要延長時間。

❾ 煮好了取出粽串滴乾水分，放涼再冷藏，建議冰一兩天後再食用。

櫻漬紅豆羊羹

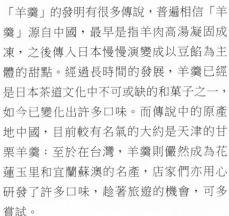

「羊羹」的發明有很多傳說，普遍相信「羊羹」源自中國，最早是指羊肉高湯凝固成凍，之後傳入日本慢慢演變成以豆餡為主體的甜點。經過長時間的發展，羊羹已經是日本茶道文化中不可或缺的和菓子之一，如今已變化出許多口味。而傳說中的原產地中國，目前較有名氣的大約是天津的甘栗羊羹；至於在台灣，羊羹則儼然成為花蓮玉里和宜蘭蘇澳的名產，店家們亦用心研發了許多口味，趁著旅遊的機會，可多嘗試。

由於主原料是過篩的豆沙，羊羹的口感綿密細緻自不在話下，然而傳統羊羹甜度偏高，若不搭配無糖茶飲或黑咖啡，實在沒法子多吃，如自己動手做，就能做出較健康的低糖版本。又或者搭配著「櫻花漬」來食用，讓「櫻花漬」的鹹度與酸度巧妙地平衡口中的甜膩。厚墩墩的深紅色羊羹，點綴一朵粉淡柔美的櫻花，十分賞心悅目！

材料
紅豆沙 200g（做法請參考 p131）
水 150c.c.
蒟蒻果凍粉 6g
砂糖 80g
麥芽糖 80g
櫻花漬（鹽漬櫻花）適量

步驟
❶ 先混合蒟蒻果凍粉與細砂糖，倒入冷水中一邊攪拌，一邊以小火加熱。

❷ 待蒟蒻果凍粉溶解，分次放麥芽糖（試甜味），持續攪拌使化開。

❸ 放紅豆沙，繼續攪動至所有材料完全結合，倒入模型中（以方形為佳），放涼。

❹ 取櫻花漬浸於冷開水中，十分鐘後換水再泡一回，降低鹽分，最後擦乾櫻花漬備用。

❺ 將凝固後的羊羹切塊，擺上櫻花漬裝飾。

美味一點訣

❶ 除了以蒟蒻果凍粉當作凝結劑，也可改用洋菜粉或寒天粉，使用方式與分量可參照包裝上的建議。

❷ 步驟 ❶ 與步驟 ❷，攪拌時動作要輕，避免打進太多空氣，造成羊羹凝固後的成品充滿孔洞。

❸ 羊羹凝固後可直接切塊食用，也可冷藏，增加冰涼感。

❹ 「櫻花漬」是由鹽巴和梅子醋醃漬的八重櫻，在一般日本超市都能買到，到日本旅遊時不妨帶一小瓶回來做甜點。為方便保存，櫻花漬放了許多鹽巴，使用前需先過水以降低鹽分。

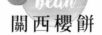

關西櫻餅

表現四季是日本傳統甜點和果子（わがし，發音 wagashi）很重要的特色之一，在春櫻綻放的季節，許多甜點店便會順勢推出「桜もち」（發音 sakura mochi），中文多譯為「櫻餅」，其實若翻譯成「櫻花麻糬」將更貼切，因為主原料正是糯米粉。

由於地區的差別，櫻餅分為關東與關西兩種做法。關東櫻餅主要是用「白玉粉」與低筋麵粉混合後，烙煎成薄餅；而關西櫻餅則單用「道明寺粉」，加水蒸熟，成品近似飯糰，至於紅豆內餡與外覆的鹽漬櫻葉，兩地皆同。話說「白玉粉」與「道明寺粉」皆為糯米加工品，前者是將糯米加水研磨成漿，再脫水乾燥而成，呈粉狀；後者則是將糯米蒸熟後再乾燥，並磨成類似砂糖的顆粒狀。

為使櫻餅顏色美麗，並更加呼應春櫻的嬌嫩粉色，製作櫻餅時通常會加入一點紅色食用色素，令櫻餅變成淡粉色。另外日本超市也有販售已經染成粉色的道明寺粉，可利用旅遊機會順便購入。但如不介意糯米原本的白色，無添加當然最好。

材料（五個）

道明寺粉 120g
清水約 200c.c.
糖粉約 25g
紅色食用色素 1 滴（可省略不用）
紅豆泥 120g（做法請參考 p131）
鹽漬櫻葉 5 片
鹽漬櫻花 5 朵（可省略不用）

美味一點訣

❶ 傳統日式甜點中常使用的鹽漬櫻花與鹽漬櫻葉都放了重鹽以利保存，雖然有些廠家開始推出低鹽產品，使用前仍務必經過泡水的程序來降低鹽分，並且最好嘗過鹹淡，確定不會過鹹才使用。

❷ 道明寺粉蒸熟後非常黏手，因此保留浸泡櫻葉最後一回的清水，用來打濕雙手與橡皮刮刀，這樣一來便很好操作。

❸ 捲裹櫻餅時讓櫻葉的葉面朝上、葉背在底，成品就能凸顯出葉脈之美。

步驟

❶ 道明寺粉加水靜置 30 分鐘，道明寺粉將完全吸收水分。

❷ 去鹽：櫻葉以冷開水浸泡 15 分鐘，瀝水後重新注入冷開水浸泡第二回，15 分鐘後試鹹淡（剪一小段末端葉柄試味道），如仍偏鹹，可重複浸泡程序。去鹽後的櫻葉擦乾備用，並保留最後一回浸泡櫻葉的水（如有準備鹽漬櫻花，亦需泡水去鹽）。

❸ 電鍋外放 2/3 杯水，把道明寺粉蒸熟，約 20 分鐘。

❹ 把紅豆泥等分為五，分別搓整成棗型。

❺ 把糖粉與紅色食用色素倒入蒸好的道明寺粉團，拿橡皮刮刀以「切拌」的方式拌勻。

❻ 用步驟 ❷ 浸泡櫻葉後的冷開水打濕雙手，取約 65g 的粉團，放在手掌中，壓成圓餅狀，中央放 1 份紅豆泥，慢慢攏齊使內餡完全被包住，可放上一朵鹽漬櫻花。

❼ 櫻葉的葉面朝上，放好櫻餅後將櫻葉兩端往中央黏合。

紅豆抹茶鮮奶酪

偶爾做些不費工的小甜點，就能給平淡生活加些甜蜜蜜的小幸福。不過一路甜到底的點心總是容易膩，因此放些有苦韻的抹茶粉來製做甜點就是最簡單的「大人口味」。不用烤箱，簡單幾個步驟就能做出抹茶鮮奶酪，如果剛好煮了紅豆湯，不妨撈一些紅豆出來加糖炒成紅豆泥，搭著抹茶鮮奶酪一起吃，苦甜相襯，苦而不澀，甜而不膩。

用來凝固奶酪液的「吉利丁」（gelatine），或稱明膠，是提煉自動物的膠質，具凝固作用，為製作「凍類」甜點的重要材料，在烘焙材料行可購得。分為片狀與粉狀兩種，片狀的吉利丁使用前須浸泡於清水中軟化，或者剪成小碎片，才能投入鮮奶中煮化。至於粉狀的吉利丁，必須先將吉利丁粉倒入大約五倍的冷開水中浸泡幾分鐘，使吉利丁粉吸飽水分，再分批加入奶酪液溶解。如果要凝固的主體不是奶製品而是有酸性的果汁，則需要增加吉利丁的分量，才不會因水解作用而影響凝固程度。

材料

可做出 700c.c. 左右的鮮奶酪液

鮮奶 650c.c.（或部分以鮮奶油取代）

抹茶粉 7g

砂糖 40g

吉利丁 5 片（市售標準規格 23cm x 7cm）

紅豆泥 150g 左右（做法請參考 p131）

步驟

❶ 吉利丁片浸入清水中泡軟。

❷ 以中小火加熱抹茶粉、砂糖與鮮奶，同時放入泡軟的吉利丁片，用打蛋器不停攪拌至吉利丁片與砂糖溶解，無需煮沸，試甜度。

❸ 用篩網把奶酪液過篩入杯，放涼。

美味一點訣

❶ 抹茶粉受潮易結塊，使用前先過篩或先與少許水溶解，再加進鮮奶裡攪拌。

❷ 步驟 ❷，加熱目的在使材料能充分融合，但過度加熱將使油脂自牛奶與鮮奶油中分離出來，不但影響口感，凝結過程中，釋出的油脂更會造成奶酪凝固後表面凹凸不平，因此建議加熱溫度不超過 60℃。

❸ 奶酪液過篩可確保口感細緻，同時減少奶酪表面出現泡沫，凝固後更平滑。

❹ 一般義式奶酪會同時使用鮮奶與鮮奶油，而且鮮奶油的分量比鮮奶多，好使成品充滿濃濃奶香，不妨依個人喜好調整兩者比例。

❹ 杯口封上保鮮膜，冷藏約半天。

❺ （食用前）在奶酪上放紅豆泥。

Chapter 5

肉

類

肉類

Ground Meat

絞 肉 二 三 事

資深煮婦都知道，絞肉料理是對付挑嘴的秘招……

聰明選購　　細心存放

超市裡的冷藏絞肉通常有國家認證，購買時只要注意肉品與脂肪的顏色不要過於暗沉，並依照料理需求選購外裝上標示為粗絞肉（絞一次）或細絞肉（絞兩次）即可。若想買溫體肉品，則得上傳統市場，建議盡量不要買事先絞好放攤頭上的，因為這些絞好的肉通常是肉販在支解肉品時，片下來的邊肉，常帶有軟骨、筋膜，吃起來嘴裡會有些「筋筋臍臍」，影響口感。

再者，即使現在公有市場多有空調，但肉品經過機器絞細，容易出血水，與空氣中的細菌接觸，衛生上較有疑慮，因此最好早點上市場，挑塊適合的肉，請肉販當場絞細。

原則上，牛絞肉以肩胛或腿等偏瘦的部位為主；豬絞肉則是腿肉（瘦）、梅花（軟）或五花（潤）等部位；雞肉則用胸肉為多。

買回家的絞肉，如不當日使用，隔著塑膠袋將絞肉大致拍扁，用刀背或筷子等分，再送冷凍庫保存，日後可按照料裡所需取用，同時也可減少許多退凍的時間。另外，最好能在塑膠袋上註明購入日期與肉的種類。

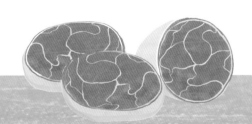

輕鬆料理　風味升級

絞肉不像大部分的肉類料理需要久燉，若烹調得法，絞肉就能呈現鬆軟多汁的口感，適合牙口不好的長輩與孩童。想輕鬆做出不輸餐館水準的絞肉料理，需掌握幾個基本原則——

壓腥｜在絞肉裡拌入薑泥，並且在燴汁裡放入適量的辛香料或料酒。

除了春末夏初的新薑細嫩多汁無纖維，其他時候的薑多多少少都有纖維，菜刀難切斷，勉強切成末，拌於絞肉，也很容易吃到薑丁。使用磨泥板磨取薑泥，方便省事有效率，至於卡在磨泥板的上薑泥，只要放點水，輕輕搖晃，就能把薑泥沖出來使用。

提香｜醬油是有醇度的底味，得細細咀嚼才能分辨出；香油和蔥花則在絞肉甫入口時有鮮明的提香功能，但蔥花碰到鹽分易生水，最好在餡料完成前再與香油一起拌入。

多汁｜在肉餡裡打水（或清高湯）是最直接的方法，但要有耐心，分次下少許水，攪拌到肉餡吸收了水分，才能再放水。若擔心打水

後的肉餡不容易整成丸型，或做好的丸子是要
入油鍋炸的，水分不宜太多（水分與熱油接
觸會飛濺），則可改放饅頭（切丁）、豆腐（壓
成泥）、荸薺（削皮後磨成泥）或麵包粉（先
吸點高湯或牛奶），依照喜好、方便度與料理
需求，擇一使用即可。

荸薺

口感｜全瘦的絞肉太柴，尤其是牛肉，吃起來不香，因此多少都得放點肥油才
好。一般說來肥瘦比約二比八的適口度已經不錯。同時，若要包餃子或做肉
丸子，選擇只絞一次的粗絞肉，回家後再把絞肉攤平，翻剁幾回，直到絞肉
出現些許黏（膠）性似肉泥，則口感會多幾分扎實。若要包餛飩，直接購買
絞兩次的細絞肉，即接近肉泥的狀態，口感更加細綿鬆軟。拌肉餡時盡量依
同一方向來攪拌（順時針或逆時針擇一），才容易攪出黏（膠）性。

外型美｜將打散的蛋液拌入絞肉，或者拌入少許粉類，如太白粉或玉米粉，都
能提高肉餡密合度，但用量要斟酌，過多將影響肉餡口感。
整型時，兩手輪流拋接肉團，使肉餡內的空氣排出。

營養｜家中如有不吃胡蘿蔔的挑嘴兒，用磨泥板把胡蘿
蔔磨成細泥，拌入內餡。

越南牛肉丸子河粉

要說生牛肉河粉是越南菜中最揚名海外的料理並不誇張，每到歐美旅行，只要時間稍長，東方胃開始做怪時，上越南餐館點碗熱騰騰的 Phở Bò（生牛肉河粉）就對了（也不知為何常在海外的中國餐館踩到雷）！熱騰騰的湯河粉上桌，先嚐一口湯底，再把店家附的豆芽菜、九層塔、鵝帝與薄荷壓進湯裡，最後擠點檸檬汁拌一拌，讓湯頭變得更加鮮美清爽，整碗下肚大滿足。

按部就班熬製的湯底，美味自不在話下，然得花上大半天的工夫，因此想在家輕鬆製作「越南牛河」，得取巧使用「偷吃步」──把絞肉做成牛肉丸子，汆煮至熟，撈起丸子後，放入適當的辛香料到煮丸子的水裡熬出味，即為湯底。做好的牛肉丸子和湯底放涼，分裝後收冷凍庫保存，隨時想來碗充滿越南風味的牛河，不假外求。

製作牛肉丸子（12~15 個）

材料　牛絞肉 300g（另加肥油 50g）
　　　薑 10g
　　　香菜梗 10g
　　　太白粉 30g
　　　蛋白 1 份

調味料　白胡椒粉 1/4 小匙
　　　　鹽巴 2 小匙
　　　　糖 1 小匙
　　　　香油 1/2 小匙

步驟

❶ 牛絞肉放冷凍庫冰到外層有點硬度，把薑磨成泥，香菜梗切碎，燒開一大鍋水後，轉最小火保持熱度。

❷ 用食物處理機把牛絞肉與肥油打成泥，再放薑泥、太白粉、蛋白、白胡椒粉、鹽巴與糖打勻。

❸ 加入香菜梗末與香油，拌勻。

❹ 捧打絞肉使空氣排出，令絞肉結合得更緊密。

❺ 抓一把絞肉在手上，用虎口擠出小肉丸，再以湯匙刮取，放入燒開的清水中。重複此動作直到處理完所有絞肉，並用最小的火力把丸子煮熟（接近泡熟）。

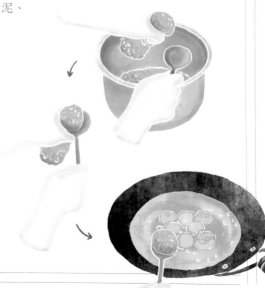

製作 1 碗牛肉丸子河粉

材料

牛肉丸 3~4 個
乾燥河粉 75g 左右
青蔥 1 根約 15g
洋蔥 20g

豆芽菜 50g
九層塔 10g
牛味高湯 300~400c.c.（做法參考「美味一點訣」第 ❶ 點）

調味料

鹽巴 1/3 小匙左右（依高湯量調整）
黑胡椒粉少許
檸檬 1/2 個
生辣椒末適量

步驟

❶ 青蔥切花，洋蔥切絲，豆芽菜與九層塔洗淨瀝乾。

❷ 乾燥河粉浸入清水泡軟。

❸ 煮開適量高湯與牛肉丸，加鹽巴與黑胡椒粉調味，放在爐子上保持燒滾的狀態。

❹ 另燒開半鍋水將泡軟的河粉煮熟，瀝水後倒入大碗中，放上步驟 ❶ 處理好的菜料。

❺ 擺牛肉丸子，淋上滾燙高湯，搭配檸檬角（擠汁）與生辣椒末食用。

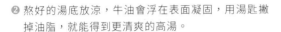

美味
一點訣

❶ 在煮過丸子的湯裡放入洋蔥、薑、花椒、草果（敲裂才出味）、八角與白胡椒粒，加上鍋蓋，放瓦斯爐上文火熬一小時，或直接送電鍋蒸兩回，過濾出湯汁，即簡單版的牛肉湯底。

❷ 熬好的湯底放涼，牛油會浮在表面凝固，用湯匙撇掉油脂，就能得到更清爽的高湯。

❸ 乾燥河粉可在專賣南洋商品的小雜貨店與某些超市的異國食品區買到，若不方便購買，可改用米粉、冬粉或新鮮麵條、板條代替。

❹ 傳統越南牛河還會另外放刺芹（鵝帝葉，亦稱辣芫荽）與薄荷兩種新鮮香菜來提味，如果不方便購買，可省略，但九層塔一定不能省。

❺ 把青蔥、洋蔥、九層塔與豆芽菜直接拌入熱湯的吃法較正統，但若不習慣菜生味，事先將菜料放進高湯裡滾一下斷生，再連湯帶料一起淋進河粉裡也是不錯的折衷。

瑞典奶醬肉丸

宜家家居（IKEA）的賣場是許多人消磨
假日時光的好去處，即使不缺傢俱，逛逛
賣場也能被啟發出大大小小改造居家環境的
好主意。不過走完一圈難免腿痠頭暈，還好賣場設
有餐廳，能夠吃吃喝喝順便歇歇腿。餐廳裡販售的菜色中，以瑞典奶醬肉丸最為經典，
初次品嚐，還以為配餐員弄錯了，點肉丸子怎麼附果醬呢？！

原來這紅通通的果醬叫做越橘醬（lingonberry jam），的確是用來蘸肉丸子的。儘管
已經淋了奶醬，肉丸的調味上來說已經完整。但奶醬搭配肉丸較易膩，這
時候蘸點酸酸的越橘醬就發揮解膩效果。第一口可能還不太適應，但奇妙
的是以後再點這肉丸子，沒蘸越橘醬還真不習慣呢！

在家自製 IKEA 的瑞典奶醬肉丸並不難，但為求營養均衡，配菜
部分建議增加生菜沙拉或者以水煮過的豆類或三色蔬菜丁；至於
搭配的澱粉類，請參考「基礎薯泥」，p051。

製作 1 份瑞典牛肉丸特餐

材料

牛肉丸子 6-8 顆
奶醬 1 份
越橘醬適量
生菜適量
薯泥適量

製作牛肉丸子（12~15 顆）

材料與調味料

牛絞肉 300g（外加肥油 50g；
另可改為純豬肉或牛豬混合）
洋蔥 40g
胡蘿蔔 40g
蛋黃 1 個
麵包粉 40g
鮮奶油或鮮奶 80c.c.
乳酪粉 2 小匙
眾香籽粉（Allspice）1/4 小匙
紅椒粉（Paprika）少許
鹽巴 2/3 小匙
巴西里 1 小匙（切碎）
無鹽奶油 1 大匙（提早從冰箱
中取出，放軟）

製作牛肉丸子步驟

❶ 洋蔥去皮切末，胡蘿蔔洗淨後磨成泥，
把麵包粉倒入鮮奶油中，攪拌一下。

❷ 鍋裡放 1 小匙油，小火把洋蔥炒軟，到
邊緣有點咖啡色的程度，熄火放涼。

❸ 用菜刀來回翻剁牛絞肉，使出現黏性。

❹ 把絞肉放到深鍋中，加入炒好的洋蔥末
與其他材料、調味料，徹底拌勻。

❺ 用金屬圓湯匙取適量
的絞肉，在抹了油的
掌心上輕摔，排出空
氣並整成丸狀。

❻ 鍋子加油燒熱，放入丸子，勿攪動，丸
子自動浮起時，再輕推使受熱均勻。

❼ 丸子炸好放廚用吸油紙上。

製作奶醬

調味料

炸完牛肉丸子的油 2 小匙

鮮奶油 3 大匙約 45c.c.

番茄醬 1 大匙

清水 100c.c.

黑胡椒粉少許

乳酪粉適量（用量依照醬汁的濃度與鹹度調整）

步驟

❶ 在炒完洋蔥的鍋子裡放點炸過牛肉丸子的油，並放入番茄醬、鮮奶油、清水與黑胡椒粉燒開。

❷ 加入乳酪粉調整奶醬的濃度與鹹度。

美味一點訣

❶ 眾香子（Allspice），又稱多香果、甜胡椒或牙買加胡椒，因同時擁有多種香料的氣味，如：胡椒、丁香、肉桂、肉豆蔻等等，故得名。如不方便購得，改用黑胡椒粉代替。

❷ 在奶醬中放些番茄醬，可讓番茄的清酸中和奶醬的厚重。

❸ 奶醬中放乳酪粉，一方面代替鹽巴，一方面又有類似勾芡的效果，讓奶醬容易附掛在牛肉丸上。

note:

和風漢堡排

日本飲食習慣一方面很堅持傳統，
一方面卻又熱情擁抱西方。許多
「洋食」傳入日本之後，不但被發揚光
大，更進一步被「在地化」，即「和風化」，於是這些洋里洋氣的美味巧妙轉身，變
成適合東方脾胃的「和風洋食」。漢堡排便是其中一例，原本夾在漢堡麵包裡的煎肉
排，「和風化」之後，加厚的漢堡排變得多汁可口，再淋上日式調味的醬汁，成為「洋
食館」裡受歡迎的主菜，也是日本兒童最喜歡的「媽媽菜」之一。

漢堡排簡單易做，但廚房新手對於火候的掌握較不熟悉，使用平底鍋來煎，常常產生
外焦內生的情況，最後只好草草丟進微波爐裡加熱，功虧一簣。如果採用「先煎後烤」
的方式來處理，成功率便大大提升。漢堡排經過初步的油煎，外層已定型，接著送進
預熱好的烤箱，讓穩定的熱源烤透漢堡排，同時又能保持外型與口感的完美，最重要
是不用在爐邊罰站顧火。

對了，既然是「和風洋食」，配菜就不一定要生菜沙拉，麵包、薯泥也可換成米飯，
甚至捨刀叉用筷子來享用也合宜。

製作 4 個漢堡排

材料
牛絞肉 300g
豬絞肉 100g
洋蔥 50g
胡蘿蔔 50g
蛋黃 1 個
麵包粉 40g
鮮奶油或鮮奶 80c.c.

調味料
乳酪粉 1 大匙
黑胡椒粉 1/4 小匙
荳蔻粉（Nutmeg）少許
鹽巴 1 小匙
巴西里碎 1 大匙
橄欖油 1 大匙（也可用奶油，放軟）

步驟

❶ 洋蔥去皮切末，胡蘿蔔洗淨後磨成泥，把麵包粉倒入鮮奶油中，攪拌一下。

❷ 鍋裡放 1 小匙油，小火把洋蔥炒軟，到邊緣有點咖啡色的程度，熄火放涼。

❸ 用菜刀把兩種絞肉來回翻剁，使混合均勻並出現黏性。

❹ 把絞肉放到深鍋中，加入所有材料與調味料，徹底拌勻。
（預熱烤箱：200℃，10 分鐘）

❺ 拌好的絞肉等分為四，雙手掌都抹點油，把絞肉來回在抹了油的掌心中拋摔、整型。

❻ 鍋子放 2 小匙油燒熱，放入漢堡排，輕按漢堡排中心點，使與鍋面貼合，把兩面煎黃即可。

❼ 把漢堡排放入預熱好的烤箱，以 180℃ 烤 20 分鐘左右（時間將依漢堡排個數與厚度略異）。

製作淋醬（搭配 2 個漢堡排）

材料與調味料

洋蔥 50g
黑胡椒粉 1/4 小匙
日式豬排醬（中濃香醋，或稱中濃醬）1 大匙
番茄醬 3 大匙
味醂（みりん）2 小匙
無鹽奶油（butter）1 小匙
水 100c.c.
乳酪粉（用量依照醬汁的濃度與鹹度調整）

步驟

❶ 洋蔥去皮切末。

❷ 使用煎了肉排的鍋子，補一點油，燒熱後把洋蔥炒軟。

❸ 除了乳酪粉之外，下其他調味料與清水燒開。

❹ 最後以乳酪粉調整淋醬的鹹度與濃度。

組合

❶ 將處理好的配菜放在盤子上。

❷ 放上烤好的漢堡排，淋上加熱過的醬汁，撒點巴西里末裝飾。

美味一點訣

❶ 洋蔥炒過以後較軟，容易與肉餡結合，而且不再有生洋蔥的辛嗆味，反而香甜。

❷ 一次多做些生的漢堡肉排，間隔放進塑膠袋，冷凍後方便取用。

❸ 烤漢堡排時，用來盛裝的瓷盤可順便放到烤箱上加熱，這樣漢堡排吃到最後都會保持一定的熱度（但拿取盤子時請戴手套，以免燙傷）。

note:

牛肉起士堡

美式餐廳裡的大漢堡一直是人氣首選,經年未有衰減之勢,可見美味非凡。每回大口咬下,香腴的肉汁混合爽脆的生菜以及提味的酸黃瓜,口感豐富滋味迷人,大人小孩都難以抗拒。

自家做美式漢堡只要掌握肉排調味與保持多汁的小訣竅,一次多做些半成品冷凍著,到了週五晚上改放到冷藏室慢慢退冰。隔天晨醒,一家人分工合作,有的處理生菜沙拉,有的負責炸薯塊、煎肉排……七手八腳做出可口的假日美式早午餐,樂趣無窮。

製作 5~6 份肉排

材料　牛絞肉400g（其中約含100g牛脂肪）
洋蔥100g　·　牛奶4大匙
無鹽奶油1小匙
雞蛋1顆　·　麵包粉3大匙

調味料　黑胡椒粉1小匙　·　蒜粉1大匙
鹽巴1/4小匙　·　乳酪粉2大匙

步驟
❶ 洋蔥切末與奶油一起炒香，放涼。

❷ 把麵包粉倒入牛奶中，攪拌一下。

❸ 將絞肉放入鍋中，加入蛋液、炒好的洋蔥丁、泡軟的麵包粉與調味料拌勻。

❹ 將肉餡等分為5-6份，分別用兩手來回拋摔，排出肉餡內空氣，增加肉餡密合度。整成與漢堡直徑相同圓形。（若不直接料理，分裝後收冷凍庫）

製作牛肉起司堡

步驟
❶ 麵包內面朝下，貼放在平底鍋上烘熱，熄火後趁熱抹上少許奶油或美乃滋。

❷ 鍋裡放少許油加熱，再放入肉排煎熟。

❸ 按喜好依序從麵包底層鋪上生菜、番茄、肉排、乳酪片、黑胡椒粉、番茄醬、芥末醬、酸黃瓜、洋蔥等等，蓋好麵包上蓋，必要時插入細竹籤固定。

美味一點訣

❶ 煎肉排用奶油最香，但奶油容易燒焦，建議先放少許沙拉油到鍋裡加熱，再將奶油與肉排一起放入鍋中，就可避免奶油焦化。

❷ 乳酪片若使用切達（Cheddar）或艾曼塔（Emmental）等種類，可大大提升整體美味度。

❸ 搭配炸薯塊、炒蛋或水波蛋，就是時下最夯的美式早午餐。

炸回頭

「炸回頭」屬於回民（清真）小吃，外表炸得金黃像小元寶，一口咬下，皮酥餡香，討人喜愛。只是這名字取得奇，原來「炸回頭」形容的是包餡手法，即最後的步驟是用兩手大拇指壓著餛飩皮邊邊往下（回）折，類似抄手的包法，但抄手一開始是對折成三角形，和炸回頭是對折成長方形不同。

內餡原料多用牛絞肉或羊絞肉，再搭配切碎的蔬菜，並依照回民的料理習慣在餡子裡放花椒水壓肉羶味，還要加「黃醬」調味。所謂「黃醬」，即熟黃豆發酵鹽漬而成，鹹度很頗高，若買不到黃醬，可用不辣的豆瓣醬代替（台灣的豆瓣醬多用黃豆製成，與大陸的豆瓣醬是用蠶豆發酵而成的不一樣，因此可當作黃醬的替代品）。

且試試這清真口味的炸餛飩吧，不光為它喜氣的外型，也嚐嚐它獨特的滋味。

材料
牛絞肉（含少許肥油）150g
薑 1 小段約 15g
韭黃 100g
青蔥 1 根約 15g
餛飩皮（小，7.5cm x 7.5cm）30 張

調味料
花椒粒 1 大匙
黃醬或不辣的豆瓣醬 15g
鹽 1/2 小匙
香油 1/2 小匙

美味一點訣

❶ 拌餡時打點水能讓絞肉變得多汁，但打水要有耐心，一點一點倒，拌一拌讓絞肉確實吸收，再繼續倒水，切忌一次把水全倒進去，如果變成肉湯，攪拌起來反而事倍功半。

❷ 油溫大約 150~160℃，即乾燥的筷子插入油中，筷子周邊產生小氣泡的程度。「生回頭」炸熟時內餡裡的空氣膨脹便會自然浮起。

步驟
❶ 做花椒水：把花椒粒放乾淨鍋中，以文火烘去濕氣，放清水 100c.c. 煮開，熄火放涼，撈去花椒粒，取花椒水 40c.c. 左右備用。

❷ 薑刷洗乾淨，磨成泥；韭黃與青蔥洗淨，切末。

❸ 用菜刀來回翻剁牛絞肉，使出現黏性。

❹ 牛絞肉放深鍋，加入薑泥、韭黃、蔥花、黃醬與鹽巴，順一方向拌勻。

❺ 分次加入花椒水，順一方向拌勻，待絞肉吸收了水分，才繼續下花椒水攪拌，最後拌入香油。

❻ 取適量肉餡置於餛飩皮中央，把皮對折成長方形，長邊的皮往肉餡方向折，兩端的皮順勢往內餡下方捏合。

❼ 起油鍋，以中高油溫將「生回頭」炸熟。

扁食湯

每個傳統菜場似乎至少都會有一個販售現包餛飩的小攤子，而且老闆包餛飩的動作總是無比流暢——扁扁長長的竹片子挑起一丁點餡子，往餛飩皮一抹，攤放餛飩皮的手指霎時像捕蠅草似的，在竹片落下的瞬間，一收一捏，輕輕抓住竹片，旋即抽離，餛飩轉身變成小魚兒，飛落在「麵粉海」裡，和其他小魚兒作伴，直到客人上門，把它們帶回家。

包餛飩的步驟看似簡單，節奏卻十分緊湊，令人百看不厭，但偷瞄一眼那盆子裡的肉餡，哎，顏色偏白，只怕擱了許多肥油，雖說不油則不香不潤，但偶爾買還行，若做為日常飲食，恐怕還得自己動手才安心。

餛飩皮可在菜場裡販售新鮮麵條和餃子皮的小店購得，一般有大小張之分，零買 10 元大概可買到 30 張小的或 20 張大的。小張餛飩皮通常包出來的外型像小魚，就叫扁食，大張的包起來像枕頭，個頭飽飽滿滿，才叫餛飩或雲吞。

製作 60 個小扁食或 40 個大餛飩

材
料
細絞肉 250g（肥瘦為二比八）
薑泥 2 小匙
蔥花 15g
餛飩皮（以下擇一）
60 張約 160g（小，7.5cm x 7.5cm）
40 張約 160g（大，9cm x 9cm）

調
味
料
醬油 1 小匙
鹽 1/4 小匙
胡椒粉少許
香油 1/4 小匙

小扁食
包法

步
驟

❶ 把絞肉放進深鍋，放入薑泥、醬油、鹽巴與胡椒粉，抓緊一把筷子把餡料拌勻，並逐次加清水攪拌直到出現黏性，最後再拌入蔥花與香油。

❷ 把肉餡包進餛飩皮中。
（參考右圖）

**大餛飩
包法**

步驟

❶ 底角往上折，遮住大部分
　的肉餡。

❷ 左右兩個角也往中心折。

❸ 頂端尖角折進縫中，翻回
　正面即為枕頭狀的餛飩。

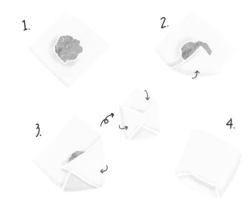

製作 1 碗扁食湯（餛飩湯）

材料

扁食 10 顆或餛飩 7 顆
無鹽高湯 300c.c.（參考 p194，美味 ❸）
芹菜末少許（去葉後，切細末）

調味料

油蔥酥 1/2 小匙
白胡椒粉少許
鹽巴少許
香油數滴

步驟

❶ 燒水將扁食或餛飩煮熟（浮起
　後再滾一下即可），同時另起鍋
　將高湯燒滾。

❷ 碗裡放好調味料，沖入少許燒滾
　的高湯使調味料融合，放進剛煮
　熟的扁食或餛飩，再注入高湯到
　八九分滿。

❸ 撒上芹菜末即可。

美味
一點訣

❶ 餛飩肉餡要比餃子肉餡打更多的水，打水時勿心急，分次下水，攪拌到肉餡吸收了，再加水。

❷ 不用刻意去買抹內餡用的竹片，使用家裡現成的奶油抹刀或烘焙專用的蛋糕抹刀就可以。

❸ 餛飩皮較水餃皮薄，冷凍太久容易碎裂 每次包的數量不能貪多，以短時間能吃完的分量最好。

❹ 常見的芹菜有兩種，莖管較粗的適合快炒，莖細的才適合切末給湯品提香。

note

紅油抄手

餛飩到了廣東改名為「雲吞」，來到四川則叫「抄手」，游過黑水溝登陸台灣卻成了「扁食」，說穿了都是薄麵皮包肉餡，水煮而成。餛飩（雲吞）個頭大，形狀像個枕頭；抄手和扁食則走嬌小路線，前者外型像古人將兩手交疊，放於長袖中取暖，後者像條靈活的小魚兒。或著重蘸料，或講究湯頭，總之各有食趣，各有擁護者。

抄手通常泡在紅通通的醬料裡，吃的時候又香又辣又燙，還藏麻帶酸，就這麼一小碟，其他的甚麼菜也不需要，稀哩呼嚕下肚，吃罷抹嘴，額頭沁汗，通體舒暢。能吃得一碗痛快，沒別的，肉餡要鮮，醬料要絕！醬料主要由甜醬油、紅（辣椒）油和花椒粉擔綱，蒜泥和醋則豐富醬料的層次。花椒粉與紅油易買，但甜醬油難尋，唯有自力救濟──小火將醬油 100c.c. 與砂糖 30g 熬到濃稠，期間不時攪拌，直到鍋中物的顏色像巧克力醬，濃度像麥芽糖，即得簡易版本的甜醬油。

製作 1 碗紅油抄手

材
料
抄手 8-10 個
蔥花 1 大匙
熟花生壓碎 1 大匙
＊肉餡（請參考「扁食湯」，p167）

步
驟
❶ 取肉餡薄薄的抹在餛飩皮上，將餛飩皮底邊的尖角由下往上捲。

❷ 捲到肉餡沒入，將左右兩邊尖角往中央靠攏。

❸ 抹點水使兩邊尖角上下黏合。

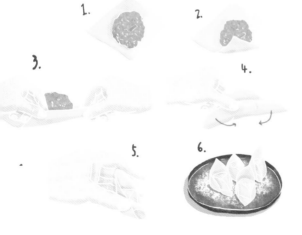

製作1碗抄手蘸料（搭配10個抄手）

材
料
花椒粒 2 小匙
紅油 2 大匙
香油 1/4 小匙
花椒粉 1/2 小匙
烤過的白芝麻 2 小匙
醋 2 小匙
蒜泥 1 小匙
甜醬油 1 小匙

步
驟
❶ 花椒粒放乾鍋裡，以小火烘熱去濕，加入紅油，保持小火加熱，待飄出花椒香，熄火浸泡半小時，最後剔去花椒粒，即得花椒紅油。

❷ 碗中放入花椒紅油與剩餘的調味料，放入水煮好的抄手，撒上蔥花與花生碎即可。

甜醬油

美味
一點訣

❶ 加點榨菜絲或冬菜末，鹹香帶勁頗提味。

❷ 想吃個飽足？煮一把細麵，多放點醬料，一碗「紅油抄手乾拌麵」信手拈來。

小獅頭粉絲煲

經常在家庭餐桌出現的經典菜色「獅子頭」有許多版本與獨門配方，為了豐富口感與成型容易，肉餡裡可能放了豆腐泥、蛋汁、饅頭碎、荸薺末等等；而尺寸有的比饅頭大，卻也有小如乒乓球；湯頭則清燉、紅燒各有擁護者⋯⋯組合千變萬化，但一樣美味。一般人口少的家庭不妨縮小獅子頭體積，做成迷你版的尺寸，這樣一來就可減少炸油的用量。利用空閒做好一批小巧可愛的獅子頭，存放於冷凍庫，臨時加菜或想來點消夜，退冰與加熱的時間都很短，非常方便。

要成功炸出漂亮丸子需要耐心與觀察力，耐心等油熱到中高溫（160℃上下），小心投入丸子，此時切忌翻動，務必等到與熱油接觸的部分變色變酥，才能輕輕翻面續炸。如果想減少用油量，只要多花點時間，分批讓丸子下鍋，炸好一批，瀝出，再炸下一批。

製作肉丸子（15~18 顆、直徑 5 公分左右的丸子）

材料　粗絞肉 350g（肥瘦約二比八）
荸薺 120g（削皮後約 100g）
胡蘿蔔 25g
薑 25g
蔥 2 根約 30g

調味料　胡椒粉 1/4 小匙
醬油 2 大匙
太白粉 3 大匙
米酒 1 大匙
雞蛋 1 個
太白粉 3 小匙左右
香油 1/2 大匙

步驟

❶ 荸薺與胡蘿蔔去皮後切細末；薑刷洗乾淨後磨成泥；蔥洗淨切末備用。

❷ 用菜刀把絞肉剁成肉泥，放入深鍋中，以同一方向（順時鐘或反時鐘）徹底攪拌絞肉與所需的配料、調味料，直到出現黏性。

❸ 用冰淇淋勺或圓形金屬湯匙挖取肉餡，在抹了油的手掌中將肉餡整理成丸狀。

❹ 中火燒熱油鍋，下丸子前改中大火。小心放入肉丸子，不急翻動，等底面酥黃再翻面。炸至丸子整個外皮呈金黃色即可撈出。

製作小獅頭粉絲煲

材
料

肉丸子 8-10 顆
蒜苗 1 根或青蔥 2 根
蒜末 2 小匙
大白菜 200g
冬粉 1 把（粗細皆可）
香菜少許

調
味
料

醬油 2 大匙
冰糖 1 小匙
紹興酒或米酒 2 小匙
鹽巴少許
白胡椒粉少許
清水適量

步
驟

❶ 香菜洗淨後切碎，蒜苗（或青蔥）切小段，白菜洗淨後切段，冬粉加水泡軟。

❷ 以 1 大匙在鍋裡爆香蒜末、蒜苗（或蔥段）下白菜炒軟，加入調味料與清水煮開。

❸ 擺入冬粉，放上丸子後蓋鍋蓋，以小火燜煮 10 ～ 20 分鐘。調整湯汁的鹹淡，撒上香菜末即可。

美味
一點訣

❶ 肉餡裡加入磨成泥的薑，可壓肉腥，又不會吃到薑的纖維。家中若有孩子不愛胡蘿蔔，也可把它磨成泥拌入肉餡，就可輕易「哄騙過關」。

❷ 農曆年前後，口感細緻的「天津芽白菜」上市，用來代替大白菜，別有一番滋味。

note:

泡菜煎餃

姑且不計算大街小巷裡以餃子為招牌的餐館有多少，光看冷凍水餃在一般超市超商的鋪貨量，便知小小餃子儘管上不了大宴，卻在現代人的飲食中扮演著不可或缺的角色。屬於「麵肚子」的人，愛吃餃子不稀奇，但許多天生「飯桶」的人也愛它，如果有人討厭餃子，恐怕是因為還沒吃過現包現煮的白胖水餃。只要捲起袖子親手包一次，就知道包餃子並不難，比較難的是吃過現包現煮的無敵新鮮餃子之後，大概再也不容易覺得外頭賣的「機器冷凍餃」好吃了。

除了水煮，把餃子放平底鍋裡加麵粉水燜煎，出鍋時那麵粉水成了鏤空雪花，好看又好吃，金黃香酥的模樣讓原本素淨的餃子一登深夜食堂的熱門排行榜，此時再來杯透心涼的冰鎮啤酒，相信所有煩悶都能一掃而空。

材料

韓國泡菜 100g
韭菜 50g
粗絞肉 300g
餃子皮 30 片（大張）
麵粉水適量（能淹到鍋中餃子一半高）
香油少許

調味料

泡菜汁 2 大匙
醬油 2 小匙
糖 1 小撮
香油 1/2 小匙

調肉餡步驟

❶ 用菜刀將絞肉來回翻剁，使接近泥狀，並出現少許黏性。

❷ 韭菜洗淨切細末，泡菜切碎。

❸ 按同一方向攪動，拌合韭菜、泡菜、絞肉與調味料，期間分次倒入少許清水增加肉餡的濕潤度，絞肉徹底吸收水分後才再加水。

包餃子步驟

❶ 一次拿起幾張餃子皮，稍微拉扯邊緣使鬆弛變薄。

❷ 放上內餡，沿著餡子皮外圍抹點清水，增加水餃皮黏合度。
注意：肉餡有油脂，避免沾到餃子皮邊緣，造成餃皮不易捏合。

❸ 餃子皮對折後將開口捏緊，打不打折子均可。

煎餃子步驟

❶ 平底鍋以中火燒熱，倒油後晃動鍋身，使熱油均勻潤到整個鍋面。

❷ 排放餃子到鍋中，讓餃子底部稍微煎硬，再沿著鍋邊與餃子間的空隙淋上麵粉水（水高至餃子一半）。

❸ 蓋上鍋蓋，以中小火燜煮 5~10 分鐘，開蓋，使水分蒸發，並淋上少許香油。

❹ 待鍋底的麵粉水變成金黃色，即可鏟起煎餃，以底部朝上放入盤中即可。

美味一點訣

❶ 自己做餃子皮時可打些蔬菜汁，過濾後代替水來拌麵粉，添色又加營養。

❷ 一般說來，餃子肉餡裡的蔬菜在切碎後會放點鹽以去除菜中澀水，並使菜末軟化，容易與絞肉拌合。如果嫌麻煩，偷吃步就是盡可能把菜切細，再放到肉餡裡。

❸ 肉餡不打水稍嫌乾澀，但打太多水又擔心沾濕餃子皮不好包，不妨將肉餡暫置冷凍庫 10~20 分鐘，令肉餡稍微凝結再來包，就順手多了。

❹ 麵粉水比例以 1 大匙麵粉兌上 1 杯水。

❺ 煎餃以現包的生餃子為佳，因為冷凍餃子肉餡又冰又硬，直接油煎容易外焦內生，或者先煮熟再油煎。

note:

和風雞肉丸子鍋

現代家庭人口少,加上平日上班忙碌,外食可說是最省時省力(有時還省錢)的選擇,姑且不論長時間外食對健康的影響,有時光要決定「今晚吃哪家館子」都教人頭疼,因此偶爾在家做點簡單餐食實在是「老外生活」(三餐老在外)裡必須的調劑。在家開伙,務必以備料容易(易買又耐放)、調味簡單、營養均衡、步驟簡便且能快速上菜的菜色為原則,其中又以能「一鍋飽」的料理為佳,例如有菜又肉又有湯的雞肉丸子鍋。

這是一款對身體負擔少、四季都能吃的美味鍋物,捨去一般吃火鍋時會添加的高熱量加工品,從配菜到雞肉丸子的製作,全都是實實在在的「真食物」,感覺一鍋下肚就會活力滿滿、健康加倍。事先將雞肉丸子做好冷凍保存,週間下班回家只要先掏米把飯煮上,利用蒸飯的半小時來處理菜料,連同丸子一起丟進鍋裡煮熟……快洗了手準備開飯吧!

製作雞肉丸子

材料
雞胸肉 200g
蛋白 1 顆
青蔥 2 根（取蔥綠部分細切蔥花）
薑泥 1 小匙
胡蘿蔔末 1 大匙

調味料
白胡椒粉少許
醬油 2 小匙
米酒 2 小匙
太白粉 1 大匙
香油少許

製作雞肉丸子鍋

材料
青蔥 2 根（取蔥白部份切小段）
各色蔬菜約 200g（依照個人喜好搭配）
各式配料適量（如：豆腐、菇類）

調味料
鰹魚醬油 2 大匙
柴魚粉 1 小匙
味醂（みりん）2 小匙
胡椒粉少許
清水 1,000c.c. 左右

步驟

❶ 先將雞肉切片，改切條，再切丁，最後將雞肉丁斬剁成肉茸，以刀腹由外而內將肉茸向中心抹回聚攏，重覆斬切動作數回，至肉茸產生黏性。或直接用食物處理機將雞肉丁打成泥。

❷ 拌入蛋白、薑泥、胡蘿蔔末、白胡椒粉、醬油與米酒，以同一方向（順時針或逆時針皆可）攪拌，讓調味料與雞茸混合均勻，靜置 20 分鐘使入味。

❸ 將配料與蔬菜洗淨，切成易入口的大小。

❹ 取一湯鍋，鍋中放少許麻油，小火爆香蔥白段，注清水燒開，下配料，轉中火煮開。

❺ 湯料煮開後下鰹魚醬油、味醂與胡椒粉，保持小火。

❻ 調味好的肉餡加入蔥花、香油與太白粉，拌勻。

❼ 雙手掌心抹點香油，取適量肉餡，搓成丸狀，放入滾湯中，做一個放一個，直至用完所有肉餡，蓋上鍋蓋，燜煮 3 分鐘使雞肉丸子完全熟透。

❽ 下柴魚粉與蔬菜煮熟，調整鹹淡後即完成。

美味
一點訣

① 雞肉纖維短細，因此做出來的肉丸口感較鬆軟；如希望增加丸子的
彈性，除了加入蛋白，在雞肉剁好成肉泥時，裝入塑膠袋，使力揉
幾分鐘，再塑成小丸。

② 塑丸子前，雙手先抹點油，肉餡比較不黏手。

③ 喜歡濃郁的湯頭，可另外用雞架子加薑片做些雞骨高湯，代替清水。

④ 日本人做雞肉丸子鍋時常放鴨兒芹（即山芹菜）或京水菜，最近
本地種植這兩種蔬菜的農民多了，因此在超市很容易能買到，或
使用其它當令的蔬菜也不錯。

⑤ 雞肉丸子鍋口味清爽，建議蘸醬為日式柚子醋或醬油混合一點白
蘿蔔泥。

京水菜

山芹菜

綠咖哩雞肉丸

在台灣，從大餐廳小飯館到夜市攤子，不難發現泰國菜的蹤影；近年許多旅人到泰國遊玩，還特別挪出時間參加泰國料理課，可見泰國菜很合台灣人口味呢。加上這些年烹飪泰國料理所需的辛香料與調味料非常容易取得，只要挑幾道簡單的練好，例如涼拌青木瓜絲、清蒸檸檬魚、綠咖哩雞、酸辣蝦湯、蝦醬炒空心菜，以及嚴格來說不算泰國菜的月亮蝦餅學起來，平日飲食或偶爾宴客，都受用無窮。

然而練習時可要特別留心那道貌不驚人的綠咖哩雞，雖然加了大量椰奶燒製，看起來沒有甚麼殺傷力，孰知綠咖哩醬後勁超強，等到舌頭覺得辣已經追悔不及，辣勁早竄進骨子裡。因此第一次做這道菜時務必牢記，下綠咖哩醬千萬不能貪多，否則追加再多的椰奶或椰糖都徒勞無功哪。

材料　雞肉丸子 200g（做法請參考「和風雞肉丸子鍋」，p181-182）
泰國綠圓茄或一般茄子 200g
檸檬葉 2~3 片（新鮮或乾燥皆可）
九層塔 50g
紅辣椒 1 根（裝飾用，可省）

調味料　椰奶 1 杯（coconut cream）
淡椰漿 1.5 杯（coconut milk）
綠咖哩醬 2~3 小匙
魚露 1~2 小匙
椰糖 2 小匙

泰國檸檬葉 kaffir lime leaves

步驟

❶ 以小火將椰奶燒至表面有點油亮的感覺。

❷ 加入綠咖哩醬攪散，煮到有咖哩香飄出。

❸ 轉中火，撕裂檸檬葉放入，並加入淡椰漿與綠茄，燒到茄子變軟，再放魚露與椰糖調味。

❹ 續下雞肉丸子，蓋上鍋蓋把丸子煮熟。

❺ 熄火前拌入切絲的紅辣椒與洗淨的九層塔。

美味一點訣

❶ 泰式綠咖哩可與任何肉類搭配，但最常見的還是以雞肉為主，如果覺得胸肉柴，把胸肉片薄一點，甚至做成雞肉丸子，就能解決這個問題。

❷ 傳統泰式綠咖哩雞會放兩種綠色圓茄，小的比橄欖小，大的比乒乓球大，肉不厚，故顯得籽多，甚至還帶有略略的苦韻，若無法購得，不妨用本地產的一般長紫茄或胖胖的圓茄代替，若不喜歡茄子，改用其他耐煮的蔬菜也沒問題。

❸ 搭配現炊的泰國香米或法國棍子麵包都很對味。

❹ 泰國料理常用的辛香料與調味料可在各大超市裡的異國食品區或一些專賣南洋雜貨的小店（特別是工業區附近）買到，或者台北地下街、新北市中和區的華新街 30 巷附近，應能一次購足所需。

海鮮二三事

Seafood

抓一手真材實料的海鮮漿，虎口一掐，湯匙一刮，
令丸子輕輕滑入沸水中，文火烹熟一顆顆「海之鮮」

魚類、蝦以及花枝含有豐富胺基酸與蛋白質，向來是重要的食用海產。最美味的海鮮首推「現捕現煮現吃」，取其鮮。然捕獲量大時，就得靠適當的加工處理來延長保存期限。

市面上有各式各樣的海鮮加工品可選擇，例如形形色色的海鮮丸子與魚漿製品，應用在料理上，快速簡便。只可惜為了降低成本、增加口感與延長賞味期，市售海鮮加工品通常會放些添加物與大量粉類。雖然少量食用對健康不致有大影響，然想吃到真材實料又保證無添加的丸子，沒得商量，自己來吧！

鬼頭刀

聰明選購　細心存放

FISH
魚

用來做魚漿的魚種以腥味低的白肉魚為主，例如鬼頭刀、鯊魚、草魚、土魠、鱈魚與旗魚等等，也可使用真空包裝的鯛魚片。至於虱目魚或狗母魚，由於細刺多，除非熟手，否則較不建議。選購全魚，以眼睛透亮，魚鰓鮮紅，鱗片完整，魚身無傷無味不黏且魚腹有彈性最好。輪切魚排則須觀察肉色帶光澤，肉質緊實有彈性且無腥味或藥水味者佳。

SHRIMP
蝦

販售海鮮的攤販通常會加一些「不可說的祕密」讓剝好的蝦仁看起來飽滿，因此除非是信得過的攤商，否則還是購買帶殼蝦，自己花點時間剝殼取蝦仁較安心，或者到超市購買急速冷凍的產品。買回鮮蝦最好立刻處理，以爭取最大新鮮度，或放入塑膠袋中攤平，置冷凍庫保存（若冰箱有內建急速冷凍功能更好）。

SQUID
花枝

可使用花枝（即烏賊，或稱墨魚）、中捲或軟絲。挑選花枝或軟絲以肉質結實、聞起來無重腥，且肉色為白最好，如果隱約偏黃，鮮度已失。新鮮軟絲身體呈半透明，隨著新鮮度下降而轉白，或可直接購買超低溫急凍產品。另外，要觀察眼睛是否晶亮、外層薄膜（外套膜）是否完整、輕按時可感覺到肉質彈性等等。

章魚　小卷　魷魚　花枝　透抽、中卷　軟絲

輕鬆料理　風味升級

為了容易塑形並增加些許彈性，製作海鮮漿需要添加適量的粉類並花點時間摔打，同時加入少許白膘（豬油）來增加潤口度。白膘可在傳統市場的豬肉攤或超市購買，請老闆代為絞成泥，或自行切成小丁即可。調味方面，把薑磨成細泥，取壓腥之效卻避去影響口感的纖維。並加入少許香油，既收壓腥之效，塑型時亦較不黏手。另外，打漿的速度要快，必要時加入少許冰塊一起攪打，避免機器運轉產生高溫，影響海鮮漿的新鮮度。

FISH
魚漿　在魚肉剛退了點冰，能下刀但肉質尚硬的情況之下來做魚漿，就能有效避免魚肉腐壞或產生腥味。把去皮去骨去刺後的純魚肉，切丁後與白膘、調味料一起放入食物處理器打成泥，再加入蛋白與太白粉拌勻，即為魚漿。剔除下來皮與骨（細刺就不要了），可加點蔥薑熬成海鮮高湯。

SHRIMP
蝦泥　剝去蝦殼後，以牙籤剔出腸泥，或直接以刀開背，拉出腸泥。用少許鹽巴抓過蝦仁，沖洗後擦乾，再用菜刀刀腹拍扁蝦身，並混入白膘，用菜刀來回翻剁，或以食物處理器打成泥，並加入蛋白（或全蛋液）與調味拌勻即為鮮蝦泥。至於剝除的蝦頭蝦殼，可加蔥薑蒜煨煮成高湯，用來料理福建蝦麵、海鮮羹湯或味噌湯都很美味。

SQUID
花枝漿　小心拉出花枝的頭足，去除墨囊並剪去觸腕上的吸盤後洗淨，切小丁；剪開花枝身，去除內臟後，拉去外層薄膜後洗淨，切小丁後加入白膘與調味，放入食物處理器打成泥，並加入太白粉與切丁的花枝腳拌勻，即為花枝漿。另外，已去除硬組織的頭部也能加入打漿。

海鮮漿做好了，準備一支金屬圓湯匙，湯匙與抓取海鮮漿的手都抹點香油，先利用虎口擠出丸子，再用金屬湯匙刮取下來，輕輕滑入沸水中，保持小火，以熱水浸泡的方式把丸子燙熟，放涼後可進行料理，或冷凍保存。

魚丸米粉湯

初次造訪宜蘭縣員山鄉的遊客，必定對當地到處掛滿「魚丸米粉」的招牌，留下深刻印象。「楊彩卿」也好，「陳茂庚」也罷，又或者「呂家」、「阿添」……有的受到遊客熱情捧場，有的則獨享在地鄉親死忠擁護。其實，宜蘭鄉村風光宜人，倚山傍海有良田，造訪幾次都不嫌多，每次遊訪就換家米粉湯嚐嚐，總會找出心中的第一名。

宜蘭米粉湯和台南小捲米粉一樣，湯頭以清爽為特色，與台灣其他地方所賣的米粉湯，慣用大量豬內臟來熬煮，所呈現的濃厚風味不相同。另外，員山鄉的米粉湯，還提供「加料」的選擇，即油豆腐（板豆腐油炸），放了油豆腐的魚丸米粉湯端上桌，滿滿一碗熱熱鬧鬧，先喝口混著「芹菜珠仔」的清湯，再來吃粗粗的米粉配嫩嫩的油豆腐，清香滑口，耐人尋味。

能用自製的魚丸來煮米粉湯最好，因為市售魚丸內含的粉類比例高，自家做的話，則可將粉量降到兩成以下，保證每一口都能吃到滿滿魚鮮。

製作魚丸

材料

魚肉 500g（純肉淨重）
白膘（豬油）50g
薑 10g
蛋白 1 顆
地瓜粉 25g
太白粉 25g
冰塊 80g
水 70c.c.

調味料

米酒 1 大匙
鹽 2 小匙
白胡椒粉 1/8 小匙
香油 1/8 小匙

步驟

❶ 薑刷洗乾淨後磨成泥；放一半的冰塊到米酒裡融化；清水加入地瓜粉與太白粉攪勻，即為二合粉水。

❷ 魚肉切成小丁，放入食物處理器中，加鹽與剩下一半的冰塊打成泥。

❸ 續加蛋白、白膘、薑泥與白胡椒粉到魚漿中攪打。

❹ 放步驟 ❶ 的冰米酒水與二合粉水，並點些香油打勻，即完成魚漿。（燒開半鍋水，水開後保持最小火）

❺ 抓一把魚漿，利用虎口擠出丸狀，以金屬湯匙刮取丸子，放入熱水中泡煮至熟（浮起）即為魚丸。（煮魚丸的湯勿丟棄）

製作魚丸米粉湯 （2 人份）

材料

魚丸 100g
油豆腐 150
粗米粉 150g
紅蔥頭 20g
細芹菜 15g（去葉後淨重）
清高湯 500c.c.
煮魚丸的清湯 500c.c.

調味料

白胡椒粉 1/8 小匙
鹽 1 小匙左右
香油少許

步驟

❶ 剝去紅蔥頭
老皮，將夾在其
中的細土清洗乾淨，切細末；
芹菜去葉後洗淨，切細末。

❷ 燒開半鍋水，投入油豆腐
燙煮，取出備用；若油豆
腐較大塊，切成適口大小。

❸ 鍋中放 2 小匙油，小火爆
香紅蔥頭末，飄出香味後，
轉中大火，倒入兩種高湯
燒開（美味 ❶ + ❸）。

❹ 放入粗米粉煮開後，放入
魚丸與油豆腐，蓋上鍋蓋，
以中小火煮 20 分鐘。

❺ 下調味，撒上芹菜末。

美味一點訣

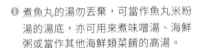

❶ 煮魚丸的湯勿丟棄，可當作魚丸米粉
湯的湯底，亦可用來煮味噌湯、海鮮
粥或當作其他海鮮類菜餚的高湯。

❷ 油豆腐先汆再煮較衛生，同時可去除
多餘油脂，讓米粉湯湯頭保持清爽。

❸ 清高湯：豬骨與雞架子共 300g，
先汆煮再洗去關節上的血塊，重新
放入鍋中，注水 2000c.c.，放 2 片
薑，放電鍋，外鍋倒 1.5 杯水蒸上。
撈去骨架與薑片後即得清高湯。

❹ 常見的魚丸還有一款包著肉餡的
「福州魚丸」，即魚漿中放了炒香
且調味過的豬絞肉。吃的時候要特
別注意，剛起鍋時，丸子內餡裡的
豬油總是燙呼呼，讓人吞吐兩難。

note

牛蒡天婦羅

「甜不辣」源自日文「天ぷら」，取其發音 tenpura 而生。不過日本的天ぷら（有時會寫漢字「天婦羅」或「天麩羅」），指的是把食材沾裹粉漿再油炸的食物。而台灣的「甜不辣」則為魚漿製品，即把魚漿塑形後油炸，可說是「炸魚漿」。經年累月下來，「甜不辣」在台灣發展成一種類似日本「關東煮」的小吃，即以高湯烹煮白蘿蔔、丸子、油豆腐、豬血糕以及各種外型的「炸魚漿」（甜不辣），並蘸著粉色米醬食用。

魚漿可在傳統市場裡的海鮮攤或賣火鍋料的攤子上買到，為了保鮮通常收在冷藏櫃，因此攤面上看不到，得開口詢問。不過魚漿要真材實料還是得自己動手，才不會吃進一堆澱粉或買到腥味重的魚漿（想想賣魚的老闆會挑甚麼樣的魚，來打成售價比鮮魚便宜的魚漿，便知一二）。

自製魚漿，能變化的料理可多了，不妨從最簡單的魚丸和甜不辣開始做起。喜歡脆脆口感的牛蒡，就刨點牛蒡絲混進魚漿，分小塊簡單油炸一下，飄出的香氣說明了這是實實在在的食材、真真切切的美味。

材料

魚漿 200g（做法請參考「魚丸米粉湯」，p193）
牛蒡半根約 100g
紅蔥頭 10g
蛋黃 1 顆

蘸醬與配料

甜辣醬適量
小黃瓜半根
白醋 2 小匙
糖 1 小匙
冷開水 1 小匙

美味小點訣

① 如要製作原味天婦羅，可省去牛蒡，其餘步驟照舊。

② 天婦羅分兩次炸，第一次先把所有魚漿餅炸過一輪，以確保鮮度，再取馬上要吃的分量進行第二次油炸，可增加酥脆感。至於不立刻吃的部分，炸過第一次後放涼就可收冰箱，下回再吃時，重新炸熱即可。

③ 牛蒡去皮後很容易因氧化而褐變，為使牛蒡保持潔白（如涼拌菜），可拌入少許白醋或檸檬汁。但本食譜中的牛蒡絲與魚漿混合後，要入鍋油炸，因此無需在意變色造成的不美觀。

製作牛蒡天婦羅步驟

① 牛蒡削皮後刨絲，紅蔥頭去皮洗淨後切碎。

② 將牛蒡絲、紅蔥頭末、蛋黃與魚漿徹底拌勻。

③ 中小火燒開 1 杯油，油熱後，將牛蒡魚漿分成小等份，小心放入油鍋中炸至兩面呈淡黃色，取出。

④ 炸完所有魚漿餅後，火轉大些將油溫拉高，再進行第二次油炸，成品酥黃時撈出瀝油。

⑤ 擺盤時附上酸甜小黃瓜片與甜辣醬。

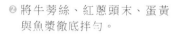

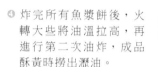

製作酸甜小黃瓜步驟

① 小黃瓜洗淨後切成薄片，以 1/8 小匙的鹽巴抓醃 10 分鐘。

② 以冷開水洗去小黃瓜片上多餘的鹽分，擠乾。

③ 調好白醋、糖與冷開水，再與小黃瓜拌勻，冷藏半小時即可。

台味甜不辣

小小一碗甜不辣是許多人在正餐之間用來墊肚子的點心，假日時煮上一鍋和家人同享，樂哉。甜不辣要好吃，有些功夫不能省——

熬骨頭清湯，白水雖可將食材煮熟，湯頭卻不容易煮出「醇厚感」，簡單的做一些陽春版的骨頭高湯，這一鍋甜不辣起碼八十分。

白蘿蔔要燒透才好吃，因此先與高湯燒過，這樣一來湯頭也有了白蘿蔔的清甜，美味再升級。

魚漿製品或丸類最好自製或選購值得信賴的商品，才不會煮出一鍋綜合「卡德蘭膠」，於健康無益。

待所有耐煮的食材都下鍋後，保持小火燒上半小時，使各種食材的味道釋放到湯裡，湯味更香醇。

豬血糕是糯米與豬血蒸成的，澱粉質高，若放在高湯中久煮，將使湯頭混濁。因此最好事先煮軟，最後才放入湯中與其他材料滾一下。

大部分店家為了降低成本與節省時間，通常直接打芡水使米醬變濃稠，但這樣一來，米醬熱量很高。如要遵循米醬的傳統做法，即以在來米粉調水為基底，加入甜辣醬、味噌或醬油膏等調味料後，用小火慢煮到適當的濃稠度。若自家用量小，不妨取巧，以市售的甜辣醬與味噌來製作「速成米醬」。

別忘了，吃飽還得喝足，碗底不還剩了點米醬？撒點香菜，沖上熱騰騰的甜不辣湯，完美句點。

製作速成米醬

材料

味噌 3 大匙
甜辣醬 3 大匙
溫開水 2 大匙

步驟

❶ 用溫開水將味噌調稀。

❷ 拌入甜辣醬，喜歡吃辣的人可另外加點紅油（辣椒油）。

❸ 如覺醬料偏稀，可用小火把醬料燒開，收一下湯汁。

製作台味甜不辣

材料
魚漿 150g（做法請參考「魚丸米粉湯」，p193）
白蘿蔔 1 根約 400g
玉米 1 根約 200g
各類丸子 200g
豬血糕 150g
油豆腐 100g（三角形或小方形皆可）
清高湯 2000c.c.（做法請參考「魚丸米粉湯」，p194，美味 ❸）
香菜適量

美味一點訣

❶ 如擔心無法掌握油炸甜不辣的時間，可先燒水將生的甜不辣煮熟，瀝乾後再炸。

❷ 由於甜不辣會淋上米醬食用，且沖湯時會混合米醬，鹹度已夠，故烹煮甜不辣時無須再放鹽。

❸ 一般小吃攤賣甜不辣，少放玉米，但玉米可使湯頭帶有自然清甜味。

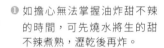

步驟

❶ 白蘿蔔削皮後，放入清高湯燒開，或放電鍋蒸上（外鍋 1 杯水）。

❷ 燒熱油，把魚漿擠成條狀或整圓後略壓扁，油炸至金黃，撈出瀝油備用。

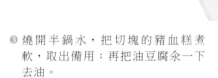

❸ 燒開半鍋水，把切塊的豬血糕煮軟，取出備用；再把油豆腐汆一下去油。

❹ 除了豬血糕，切塊的玉米與其他處理好的食材都放進白蘿蔔高湯中，小火燒半小時。

❺ 再加入豬血糕煮軟。

❻ 取各色食材放到碗中，淋上米醬，撒上洗淨切碎的香菜末。

note

茄醬高麗菜捲

喜歡吃關東煮的人一定也喜歡吃高麗菜捲，厚墩墩的菜捲，包裹著「山珍」（豬絞肉）與「海味」（魚漿），以昆布或鰹魚湯底烹煮，滋味淡雅。又或者以番茄與高湯同熬，做成湯菜，也獨具風味。

再不，把番茄醬汁收乾成泥，中西混搭，給老菜加點新意。尤其使用新鮮番茄打泥後做為醬底，清酸爽口，若搭配些麵包，可真是吃巧又吃飽。

說到自製茄醬，第一步就是取番茄果肉，傳統的方式是拿刀在番茄底部劃十字，再把番茄投入滾水中燒到外皮裂開，撈起後浸入冰水，利用溫差即可輕鬆撕去外皮。不過現在市面上售有專削軟皮蔬果的削皮刀，用來直接削番茄皮，方便許多。

製作高麗菜捲（4~5 捲）

材料
高麗菜葉 4-5 片（完整）
韭菜花 4-5 枝（或用煮軟的乾瓢瓜絲）
魚漿 100g（做法請參考「魚丸米粉湯」，p193）
絞肉 50g
荸薺數粒約 70g（削皮後淨重）
蛋黃 1 顆

調味料
鹽 1/4 小匙
糖 1/4 小匙
胡椒粉 1/8 小匙

步驟

❶ 燒開一鍋水，將洗淨的高麗菜葉與
韭菜花煮軟，瀝乾備用。

❷ 荸薺削皮後磨成泥，與魚漿、絞肉、
蛋黃和調味料拌勻。

❸ 取一片高麗菜葉，
用小刀把葉
背上的硬梗
切去一部
分，使變
薄，較容
易捲綁。

❹ 取適量步驟 ❷ 的材料，抹在高麗
菜上，以包春捲的方式包好。

❺ 取韭菜花為繩，綑綁菜捲以固定之。

❻ 燒開半鍋水，下菜捲煮熟即可。

製作茄醬

材料
洋蔥 50g
蒜頭 10g
細芹菜 1 小株約 20g（去葉淨重）
番茄 2 顆約 250g
清高湯 1/3 杯（做法請參考「魚丸米粉湯」，p194，美味 ❸）

調味料
黑胡椒 1/8 小匙
義式香料粉 1/8 小匙
鹽 1/8 小匙
糖 1/8 小匙
橄欖油適量

步驟
❶ 洋蔥和蒜頭去皮後切丁，細芹去葉後洗淨切末，番茄去皮後將果肉切小丁。

❷ 鍋裡放 1 大匙橄欖油，小火爆香洋蔥與蒜末，續下番茄丁炒軟。

❸ 下清高湯與調味料煮開，以電動攪拌器將湯料打成泥。

❹ 再次燒開後，撒上芹菜丁即完成。

美味一點訣

❶ 荸薺磨成泥加入內餡，可使內餡多汁，如喜愛荸薺清脆的口感，不妨改切細末；另亦可改用豆腐（捏碎拌入）。

❷ 可額外切點香菜拌進內餡裡提香。

❸ 為保持細莖芹菜清香爽脆，故不與茄醬打成泥，而是在茄醬完成後才放入。

組合
取適量茄醬放入盤中，擺上高麗菜捲，淋上少許橄欖油。

note

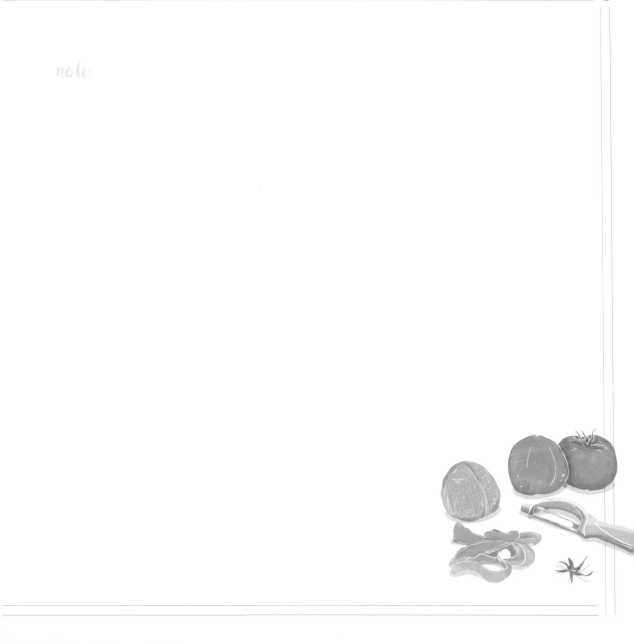

波稜蝦球粥

波稜,即菠菜,據說最早是在唐朝,由尼泊爾進貢到中國後,才開始落地生根、推廣開來。產季在冬春的菠菜,無論平地或者山區栽種的,只要切點也正當令的蒜苗一起爆炒,滿滿一大盤碧綠如玉,實在好看。除了素炒,以菠菜為主要食材的功夫菜色,最令人印象深刻的就是「翡翠」系列,即把菠菜加清水打成泥後,混合蛋白與玉米粉,一點一點滴入油鍋炸成綠色小珠子,再撈出以冰水降溫使保持翠綠色,即為「翡翠」。講究口感的還要在菠菜打成泥之後,以棉布濾去纖維,十分費工,若再加以海產做成翡翠海鮮羹,更顯貴氣。

心血來潮時,玩玩這樣的功夫菜頗有樂趣,然而日常飲食恐怕無法這樣折騰,況且濾去菠菜裡的纖維,贏了口感卻失了營養。不如簡化料理步驟,將菠菜打成細泥後,直接入湯或做為粥底。特別是在寒流來襲的冬日,熬一鍋翠綠色的菠菜粥,再放入自製的鮮美蝦丸,彷彿綠海中浮著粒粒粉紅珍珠,特美!

製作 400g 左右蝦丸子

材料
蝦仁 300g
白膘（豬油）30g
太白粉 1 大匙
蛋白 1 顆
薑 10g
胡蘿蔔 30g（增添蝦丸顏色）
香菜梗 10g

調味料
白胡椒粉少許
鹽巴 1/2 小匙

步驟

❶ 薑刷淨後與胡蘿蔔磨成泥，香菜梗洗淨切末，蛋白打散。

❷ 蝦仁剔去腸泥，先用少許鹽巴抓過，沖洗後擦乾，再用菜刀刀腹拍扁蝦身，並混入白膘，來回翻剁成泥。

❸ 將步驟 ❶ 處理好的菜料，連同太白粉、白胡椒粉與鹽巴，以同一方向（順時鐘或逆時鐘皆可），與蝦泥攪拌均勻（感覺出現黏性）。

❹ 燒開半鍋水約 800c.c.，改文火，取適量蝦漿，用金屬圓湯匙整為丸狀後放入滾水中，待蝦丸浮起即可撈出。（煮了丸子的湯別丟棄）

製作波稜蝦球粥

材料

煮蝦丸子的湯 700c.c.
蝦丸 200g 左右
菠菜 300g
冷凍白飯 1 碗
蒜頭 5g
洋蔥 30g

調味料

白胡椒粉少許
鹽巴 1 小匙左右
香油少許

美味一點訣

❶ 做好的蝦丸子
簡單炸一下，撒些胡椒鹽
便是簡單而美麗的宴客菜。

❷ 春夏可用莧菜代替菠菜，料理步驟相同。

❸ 白飯冷凍後水分子體積漲大，破壞米飯原有結構，因此用來熬粥可節省一些時間。

❹ 如要用生米熬出類似廣東粥的綿密米花，事先將淘好的生米泡過鹽巴和油，可縮短熬煮的時間。

步驟

❶ 深鍋裡放一半的蝦丸子高湯燒開，把退了冰的冷凍白飯弄散，加入高湯中，一邊加熱一邊攪拌。

❷ 菠菜洗淨切成小段，蒜頭與洋蔥去皮切碎。

❸ 將剩下的一半高湯與步驟 ❷ 處理好的菜料一起打成泥，緩緩倒入步驟 ❶ 的粥鍋，攪勻，續以中小火煮沸。

❹ 放蝦丸子煮滾，調味即可。

note

杏仁蝦球

自家炸蝦球不計成本，捨去魚漿，提高蝦仁的比例，因此塑形上較需要技巧，並多點耐心把蝦泥攪出黏性。同時蝦球的尺寸宜小不宜大，一來較容易保持圓滾滾的外型，二來較容易炸熟。尤其在家炸東西總想少放點油，免得剩了一鍋油還要傷腦筋，因此丸子體積小一點，且採用「半煎炸」（油高約食材的六七分高）與「分批炸」（才能保持油溫穩定）的方式處理，油的用量就能少很多了。至於剩油，待沉澱後，上層較清澈的部分還能拿來炒菜，因為蝦球外面裹了杏仁片，蝦泥並不直接與油接觸，油不會沾染腥味。

杏仁蝦球不只好看也好吃，杏仁片油炸後金黃香酥，一口咬下滿嘴「蝦味鮮」，加上荸薺的爽脆多汁，滋味好豐富。蘸料方面，搭配胡椒鹽、花椒鹽、芥末醬都很合拍，但若家中有小朋友的話，那就拿出萬能的番茄醬吧！

材
料

蝦仁 300g
白膘（豬油）30g
蛋白 1 顆
太白粉 1 大匙
薑 10g
荸薺 3 顆約 60g
全蛋 1 顆
麵粉半杯
杏仁片 100g 左右（可於烘培材
料行購得）

調
味
料

鹽巴 1/2 小匙
白胡椒粉 1/8 小匙
乳酪粉 1 大匙
米酒 2 小匙

美味
一點訣

❶ 若使用市售酥炸粉，直接
加水調成麵糊，代替蛋與
麵粉。

❷ 荸薺，又叫馬蹄或馬薯，
個頭小小卻多汁爽
脆，由於性寒，與
燥性的炸物同食
具有協調之效。

步
驟

❶ 薑刷淨後磨成泥、荸薺削皮後切細末、
豬油切小丁。

❷ 蝦仁剔去腸泥，先
用少許鹽巴抓過，
沖洗後擦乾，再
用菜刀刀腹拍
扁蝦身，並混
入豬油丁與荸
薺末，來回翻
剁成泥。

❸ 加入蛋白、太白粉、薑泥與調味料，
以同一方向（順時鐘或逆時鐘皆可），
與蝦泥攪拌均勻（感覺出現黏性）。

❹ 用虎口將蝦泥捏出丸狀（約可做 12
球），過一下打散的蛋汁（全蛋），
再輕輕滾過麵粉，再過一次蛋汁，放
入杏仁片裡輕滾輕壓，使杏仁片固定
在蝦球上。

❺ 鍋裡放 1 杯油，小火加熱，待油溫拉
高，將蝦球放入油鍋，以中小火炸到
杏仁片變金黃色即可起鍋。

月亮蝦餅

Shrimp

在泰國要吃炸蝦餅，通常吃到的是比女生掌心還小的「金錢蝦餅」（做法請參考 p214），並非如台灣人所習慣的，比臉還大、圓如滿月的月亮蝦餅。可是……月亮蝦餅明明是台灣所有泰國餐廳裡最受歡迎的菜色？！孰知月亮蝦餅乃台灣人發明的泰國菜，換句話說，這是在台灣出生的泰國料理，而且還從台灣紅回泰國去，在當地已經好些餐廳開始供應這款來自台灣的「泰式月亮蝦餅」了。

搭配月亮蝦餅的蘸醬多為市售泰式梅醬或甜辣醬（又名甜雞醬），不過如果把蒜頭、紅蔥頭、辣椒與香菜切成細末，加入檸檬汁、椰糖和魚露等調味料來做蘸醬，甚至切點小黃瓜片拌入，除了強調泰國料理特色，同時也有解炸物之膩的效果。

<table>
<tr>
<td>

材料

蝦仁 300g
白膘（豬油）30g
薑 10g
青蔥 1 根
香菜 1 小株
蛋白 1 份（1 顆蛋）
玉米粉或太白粉 2-3 小匙
春捲皮 2 張

調味料

魚露 1/4 小匙
白胡椒粉 1/8 小匙
糖 1/4 小匙
香油 1/4 小匙

</td>
</tr>
</table>

美味點訣

❶ 因為不是要做丸子，不講究成品的彈性與外型，因此可改用食物處理器，快速把蝦仁與白膘打成泥，再進行後續的步驟。

❷ 步驟 ❺，事先在春捲皮兩面刺出小孔洞，可避免油炸過程中，春捲皮被內餡裡受熱膨脹的空氣撐開。

步驟

❶ 薑刷淨後磨成泥、青蔥與香菜洗淨後切細末、豬油切小丁。

❷ 蝦仁剔去腸泥，先用少許鹽巴抓過，沖洗後擦乾。取 1/5 的蝦仁切丁，其餘蝦仁用菜刀刀腹拍扁蝦身，並混入白膘，來回翻剁成泥。

❸ 將玉米粉、蛋白、調味料與步驟 ❶ 處理好的材料，以同一方向（順時鐘或逆時鐘皆可），與蝦泥攪拌均勻（感覺出現黏性）。

❹ 把做好的蝦泥均勻抹在春捲皮上（邊緣預留 1 公分不抹），平均撒上蝦仁丁，再蓋上另一張春捲皮，用手掌慢慢把餡料推平，使之與春捲皮密合。（平底鍋中放適量的油，中小火加熱至中低溫，約 140℃）

❺ 用餐叉或牙籤在春捲皮兩面刺出小孔洞，以助排氣。

❻ 把生蝦餅放入鍋中炸至兩面金黃，等分切開後盛盤，搭配蘸醬食用。

金錢蝦餅

泰國中南部臨海範圍大,有各種海鮮來豐富飲食,涼拌也好、煎煮炒炸也罷,道道令人吮指回味。上篇說到月亮蝦餅是台灣創造出來的泰國料理,其實泰國也有自己的蝦餅,無論是大餐廳還是小食堂都能吃到。通常會賣金錢蝦餅的,也會賣炸魚餅,這兩個外型相似的炸物彷彿是海鮮版的可樂餅,做法簡單,口味討喜,掌心大小的尺寸,外裹的麵包粉炸得金黃香酥,新鮮味美自不在話下。

材料

蝦仁 200g
細絞肉 100g（肥二瘦八）
薑 10g
洋蔥 50g
蛋 1 顆 · 麵粉 2-3 大匙
麵包粉 1 杯

調味料

鹽巴 1/3 小匙
胡椒粉 1/4 小匙
醬油 1 小匙

蘸醬

市售泰式甜辣醬（甜雞醬）適量

美味一點訣

❶ 增加麵粉能幫助蝦餅塑型，但分量不能過多以免影響蝦餅口感。

❷ 步驟 ❶，若加太多蛋汁到蝦泥中，會增加塑型的困難度。

❸ 可切些大、小黃瓜或番茄片擺在盤邊，當作盤飾之外，也有清爽味蕾的效果。

步驟

❶ 薑刷淨後磨成泥、洋蔥去皮後切成小丁、蛋汁打散（只取 1/3~1/2 使用）。

❷ 蝦仁剔去腸泥，先用少許鹽巴抓過，沖洗後擦乾後，用菜刀刀腹拍扁蝦身，加入絞肉，一起翻剁成泥。

❸ 將麵粉分次篩入蝦泥，並加入調味料與與步驟 ❶ 處理好的材料，以同一方向（順時鐘或逆時鐘皆可），與蝦泥攪拌均勻，並摔打使出現黏度。

❹ 將蝦泥分成 5 等分，雙手抹點油，來回摔打蝦泥並塑成扁圓形。

❺ 把蝦餅放在麵包粉上，輕輕按壓，使麵包粉與蝦餅密合。

❻ 鍋裡放 1 杯油，以中火燒熱，放入蝦餅後，先不翻動，待朝下的面炸成淺黃色，也就是蝦餅底部定型時，再輕輕翻面。

❼ 待蝦餅兩面煎至金黃時就改大火逼油，取出後瀝油盛盤，附上蘸醬就完成。

酥炸花枝丸

早年筵席上總有兩道外型都是圓滾滾的菜色，一甜一鹹，特別受到小孩子的喜歡。甜的為「花好月圓」，也就是紅白小湯圓炸膨後滾上花生糖粉，不只小孩愛吃，許多大人也是一口一個停不下來。至於鹹的，則是金黃誘人的「酥炸花枝丸」，比起其他油膩大菜，這道炸物表裡如一，外貌素簡且味道單純，只要炸的功夫不太差，趁熱上桌，幾乎不用怎麼哄騙，孩子拿著筷子串起花枝丸，邊吹涼邊咬，自己就吃開來了。

昔日的筵席菜，今日在家也能輕鬆做，無論傳統市場或超級市場，找到販售海鮮的攤子或櫃位，輕易就能買到花枝丸。然而市售花枝丸所含的花枝肉比例通常偏少以提高利潤，而且為了延長保存期限，有時不得不放添加物。若能自己動手做，自然是味純又健康。

材料
花枝（身）350g
花枝（腳）50g
白膘（豬油）50g
太白粉 100g

墨囊

❶ 平時買花枝或中卷時
收集好墨魚囊冷凍，足量時，弄
破墨囊取墨液加白酒熬煮，過濾
後即得西餐常使用的「墨魚醬」。

❷ 花點時間剪去
觸腕上的吸
盤再料理，
才不會影響
口感。

美味
一點訣

❸ 保持小火低溫將丸子泡熟，才
容易保持丸子的外型。

❹ 燙煮花枝丸子的水切勿倒掉，
可用來煮味噌湯、海鮮粥或當
作其他海鮮類菜餚的湯底。

❺ 花枝丸一定要瀝乾或擦乾才能
下油鍋，以免油爆。

❻ 剛起鍋的酥炸花枝丸搭配胡椒
鹽食用最對味，給小朋友吃的
話，那就⋯⋯還是番茄醬吧。

調味料
鹽巴 2 小匙
砂糖 2 小匙
白胡椒粉 1/4 小匙
香油 1 小匙

步驟

❶ 拉出花枝頭足，小心取出內側墨囊
（冷凍保存），剪去觸腕上的吸盤後
洗淨，切小丁；剪開花枝身，去除內
臟，並拉去外層薄膜後洗淨，切小丁。

❷ 切成丁的花枝身與鹽巴、砂糖拌勻。

❸ 加入白膘與白胡椒粉拌勻。

❹ 以食物處理器將調味好的花枝丁
（身）打成泥，並分兩次加入太白粉
與花枝丁（腳），以橡皮刮刀拌勻，
最後加入香油拌勻，即為花枝漿。

❺ 一手抹油，抓起花
枝漿，利用虎口擠
出花枝丸，用金屬
湯匙刮取下來，輕
輕滑入沸水中，保
持小火，把花枝丸
泡熟。

❻ 煮熟的丸子瀝乾後，放入熱油中
（160℃左右），炸到外表金黃即可。

花枝羹湯

忙碌上班族往往就近在辦公室附近的小吃店解決午餐，有料的「羹湯麵」口味重，很受青睞。可惜小吃店為提高競爭力，只得壓低售價、降低成本，於是肉羹肥肉多、魚酥羹咬下去很空洞、魷魚羹的魷魚片發得太過、花枝羹只吃到粉團⋯⋯

其實只要願意上市場採買最新鮮的食材，

回家花點時間動手把花枝羹湯做好，加入燙熟的麵條，料豐味美，才叫大快朵頤。對了，享用海鮮類的羹湯，記得備齊「調味三寶」，即柴魚粉、沙茶醬與九層塔，這樣一來味道已經有八分樣，再加上自己親手做的花枝漿或魚漿，口口都是真材實料，美味度怎不破表？

材料
花枝漿 250g（做法請參考「酥炸花枝丸」，p217）
紅蔥頭 20g
胡蘿蔔 30g
白蘿蔔 100g
鮮筍 50g
黑木耳 100g
金針菇 150g
太白粉適量（勾芡）
九層塔少許

調味料
柴魚粉（鰹魚粉）2 小匙
沙茶醬 2 小匙
白胡椒粉適量
鹽巴適量
烏醋適量

美味一點訣

❶ 以太白粉加水調成芡水，緩緩加入熱湯中，邊加邊攪動，以避免芡水在滾湯中結塊，芡水用量可自行調整。

❷ 重口味者不妨額外再放些沙茶醬、蒜泥與辣椒末。

步驟

❶ 紅蔥頭去皮洗淨後切細末，胡蘿蔔去皮後切絲，白蘿蔔去皮後切丁，鮮筍切絲，黑木耳切去蒂頭洗淨後切絲，金針菇切去根部後洗淨，九層塔洗淨備用。

❷ 燒開 1,200c.c. 左右的清水，水滾後保持小火，把花枝漿擠出適口大小，放入滾水中煮熟，撈起備用。（燙煮花枝漿的水不丟棄，做高湯用）

❸ 另起一鍋，放 1 小匙油，以小火爆香紅蔥頭末，倒入燙煮花枝漿的水中，並放入處理好的胡蘿蔔絲、白蘿蔔丁、鮮筍絲、黑木耳絲與金針菇，蓋上鍋蓋，轉中大火燒開。

❹ 下調味後，以太白粉加水調成芡水，緩緩加入熱湯中，一邊加，一邊攪動。

❺ 放煮好的花枝漿塊再次煮開，再次確認鹹淡後熄火，加入九層塔。

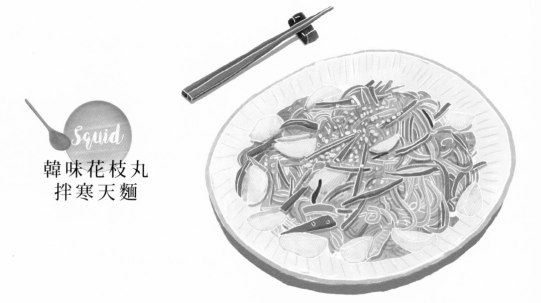

韓味花枝丸拌寒天麵

這道色彩吸睛的開胃料理,不但用低熱量的脆藻取代澱粉類的麵條,而且使用多種食材,色彩繽紛且營養豐富,少油卻味足,做為減重食譜再好不過,而且一年四季都能享用,熱吃冷食皆適宜。

韓式調味向來討喜,事先將食材切成絲或適口大小就能縮短烹調時間,同時掌握住快炒料理的訣竅,即火候與各類食材的下鍋順序,自然能保持食材本身美麗的顏色、該有的熟度與口感,色香味俱全。

材料

花枝丸 100g（做法請參考「酥炸花枝丸」，p217）
寒天麵（即食，非乾燥）300g
洋蔥 1/2 顆約 100g
胡蘿蔔 1 小段約 30g
新鮮香菇 3 朵約 50g
韓式泡菜 100g ‧ 甜椒 1/2 顆約 100g
小黃瓜 1 根約 70g ‧ 白芝麻 1 小匙

調味料

泡菜汁 100c.c.
鹽巴適量
白胡椒粉少許
香油少許

步驟

❶ 洋蔥與胡蘿蔔去皮切絲，香菇與甜椒去蒂切絲，小黃瓜切絲，泡菜與花枝丸切丁。

❷ 炒鍋裡放少許油依序爆香洋蔥、胡蘿蔔絲、香菇絲與花枝丸。

❸ 下韓國泡菜與調味料，並加入適量清水燒開。

❹ 撥散寒天麵下鍋，一手拿鏟一手持筷，拌炒寒天麵。

❺ 轉最大火，放入小黃瓜絲與甜椒絲，兜炒幾下後盛盤，撒白芝麻。

美味一點訣

❶ 甜椒微甜又多汁爽脆，且含有豐富的維生素 C、維生素 A，以及 β 胡蘿蔔素（紅色甜椒），既能提高免疫力還能抗氧化。尤其顏色鮮艷，可使菜餚變得更加賞心悅目。近年市場上有種名叫「朱姬」的尖尾紅甜椒，甜度較一般彩椒更高，可當水果吃，也可入菜。

❷ 寒天麵是海藻抽出物製成的，由於口感爽脆，又稱為脆藻，零脂肪且零膽固醇，每 100 公克的熱量僅 12 大卡，含膳食纖維且有飽足感，用來取代每 100 公克的熱量有 350 大卡的麵條，算是非常理想的減重食材。市面上有冷藏包裝的即食品，相當方便；若使用乾燥品，需先泡發再烹調。

透過日常料理表達關懷
讓平凡生活充滿溫柔滋味

快遞大哥剛剛取走第三次校對的紙本稿，這本書從決定主題、構思菜色、擬食譜草稿與構圖細節、排進度採買食材、菜色製作與拍攝成品圖、關鍵步驟特寫等等，接著跟隨插畫進度，確認草圖、彩圖到最後製版。直到校對工作結束，算一算為期竟超過三年！

由於這個「書寶」實在孵太久了，身為娘親的我禁不住要幻想，當讀者走進書店，面對「汪洋食譜海」時，能不能一眼就發現它？他們臉上的線條會不會隨著翻閱這本小可愛而變得柔和？最後微笑地帶著它去櫃台結帳？又或者習慣透過網路書店購書的讀者們，到超商領了書回家後，會在甚麼樣的情況下展讀？是孩子放學前或準備晚餐前的小空檔，泡了茶一個人坐在沙發上細細讀起來？還是一邊翻一邊用「N次貼」作記想先試做的菜色？甚至有沒有可能翻著翻著，覺得這本小書的插圖實在好可愛，決定拿來當孩子睡前的繪畫讀本（順便讓孩子們點菜）？

回想從部落格開始分享烹飪心得到現在已經 12 個年頭，這些年我不是去菜場的路上，就是泡在廚房裡忙活，成了名副其實的「煮婦」。出版了幾本食譜書，挑戰過幾個有趣的主題企劃，除了自煮自拍的一人工作模式，也曾嘗試走進攝影工作室，用四天半

的時間拍攝七十多道食譜⋯⋯這次換個方式，結合插畫來表現食譜，對我來說是另一種體驗與成長，特別感謝責任編輯品潔、插畫兼美術編輯宛昀，因為插畫食譜工作量比原先預想的多很多，籌備時間相當漫長，需要非常強大的耐力與自制力，才能在進度極其緩慢的情況下一直保持前進。在宛昀的巧筆之下，從小手殘沒有藝術細胞的我居然能出版手繪食譜，而且它兼具理性感性，提供料理參考的實用功能之外，相信讀者閱讀時也能有療癒的感受。

有人說飲食是一門高深學問，反映了人類文明演進的歷史，煮婦生平無大志，身量也不夠窺探料理殿堂之崇高與華麗，然願在日復一日的家庭飲食當中，用每一頓餐飯、每一道菜餚來體現並創造它的美好與樂趣。如果這本小書能為讀者帶來一段愉快的閱讀時光，一些烹飪的靈感與新鮮嘗試，使各位在廚房料理日常餐飲時多了幾分自信與自在，並且與家人親友共享美妙的餐桌「食」刻、生命中的美好「食」光，我將由衷感到歡喜！

最後要衷心感謝家人長久以來的支持，以及母親耐心教導我廚事，還有⋯⋯（笑）要謝謝讀者們包容我每每講起料理就「叨叨」不絕的壞毛病，希望你們和我一樣，對這本書愛不釋手。

p.s. 喔，還要謝謝我家魚小薯，在六年前籌備第一本書期間、初冬的某個夜裡，一個半月大的他跳到我家臥房外的雨簷上咪咪叫，而後正式入籍落戶，直到現在，每次挑燈寫稿都有這個黑嘛嘛的小傢伙貼心陪伴！
（註：這位小朋友常常用尾巴拍鍵盤，幫阿母的文章加字 XD）

SIMPLE & QUICK, TASTY & HEALTHY

小 家 庭 的

餐桌
日常

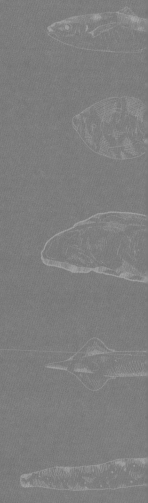

作　者｜維多利亞
總 編 輯｜陳郁馨
副總編輯｜李欣蓉
編　輯｜陳品潔
行銷企畫｜童敏瑋
封面設計｜謝捲子
插畫／版型設計｜陳宛昀
社　長｜郭重興
發行人兼出版總監｜曾大福
出　版｜木馬文化事業股份有限公司
發　行｜遠足文化事業股份有限公司
地　址｜231 新北市新店區民權路 108-3 號 8 樓
電　話｜(02)2218-1417
傳　真｜(02)8667-1851
Email｜service@bookrep.com.tw
郵撥帳號｜19588272 木馬文化事業股份有限公司
客服專線｜0800221029
法律顧問｜華洋國際專利商標事務所　蘇文生律師
印　刷｜凱林彩印股份有限公司
初　版｜2017 年 12 月
定　價｜380 元

國家圖書館出版品預行編目（CIP）資料

小家庭的餐桌日常 / 維多利亞著 . -- 初版 . -- 新北
市：木馬文化出版：遠足文化發行，2017.12
　面；　公分
ISBN 978-986-359-479-6(平裝)

1. 食譜

　　　　　　427.1　　　106022514